传感器阵列信号定位参量估计

田　野　刘国红　王　冲　张铁群◎著

吉林大学出版社
·长春·

图书在版编目（CIP）数据

传感器阵列信号定位参量估计 / 田野等著. -- 长春:
吉林大学出版社, 2023.4
ISBN 978-7-5768-1614-3

Ⅰ.①传… Ⅱ.①田… Ⅲ.①传感器－信号处理－研究 Ⅳ.①TP212

中国国家版本馆CIP数据核字(2023)第069744号

书　　名：传感器阵列信号定位参量估计
CHUANGANQI ZHENLIE XINHAO DINGWEI CANLIANG GUJI

作　　者：田　野　刘国红　王　冲　张铁群
策划编辑：殷丽爽
责任编辑：殷丽爽
责任校对：刘守秀
装帧设计：雅硕图文
出版发行：吉林大学出版社
社　　址：长春市人民大街4059号
邮政编码：130021
发行电话：0431-89580028/29/21
网　　址：http://www.jlup.com.cn
电子邮箱：jldxcbs@sina.com
印　　刷：天津和萱印刷有限公司
开　　本：787mm × 1092mm　1/16
印　　张：8.25
字　　数：150千字
版　　次：2023年4月　第1版
印　　次：2024年1月　第1次
书　　号：ISBN 978-7-5768-1614-3
定　　价：72.00元

前　言

“传感器阵列信号定位参量估计”是电子、信息、通信类专业主要的基础课程。它广泛应用于无线通信、雷达和声呐探测、语音信号处理和遥感等领域。如在雷达和声呐探测中，可靠的移动目标定位参量估计是进行战场态势感知，掌握战争制先权的首要保证；在 5G、6G 无线通信系统中，高精度的移动用户定位参量估计则是基站进行下行链路波束成型以保证吞吐率和链路可靠性的关键。

传感器定位参量估计开始于一维标量传感器下的远场源到达角（DOA）估计，后逐步拓展至矢量传感器下的 DOA 和极化参数估计、近场源下的 DOA 和距离参数估计等领域。近年来随着大规模阵列的应用以及更高精度定位参量估计需求的应用场景不断增加，传感器信号定位参量估计迎来了新的挑战，如何建立普适应用性更强的模型以及对应的信号处理算法已成为了阵列信号处理领域的热点。鉴于此，本书重点针对远近场混合源模型下的定位参数估计问题进行详细阐释并对近几年的若干新算法进行剖析。远近场混合源模型既可以表征纯远场源模型也可以表征纯近场或混合场模型，具有普适性。

本书主要利用随机过程或随机信号分析相关的理论知识完成传感器信号定位参量估计，可作为现有《阵列信号处理》、《雷达原理》、《数字通信原理》、《空间谱估计》、《应用随机过程》等本科生及研究生课程的辅助教材，对相关专业本科生及研究生加强随机过程相关知识和原理的理解具有重要帮助，对利用其解决实际工程问题具有重要的价值。同时也可供相关专业的科技人员提供参考。

与国内外同类教材相比，本书具有如下特点：

1. 普适应用性强。该书重点基于远近场混合源通用模型及其相关算法进行分析和介绍，填补了同类书仅针对纯远场源或纯近场源进行论述的空白。相关算法可以广泛应用于多种实际场景，灵活性、可借鉴性和普适应用性强。

2.结构完整、内容丰富。虽然近年来国内外已经出版了几本涉及传感器定位参量估计的优秀著作,但本书的体系完整,内容丰富。不仅对近年传感器定位参量估计中的通用/热点问题进行了较为全面的剖析,还尽可能地反映出这一学科的精华内容。书中不仅详细介绍了包括传感器信号的样本协方差矩阵、三阶循环矩矩阵、四阶累积量矩阵的性能和统计特性以及无偏估计理论等知识,还对近年来的多个新方法进行了详细研究。

3.可读性强。对很多学生来讲,传感器信号处理所涉及的内容难学、难理解。本书的每一章内容都隶属于特定的案例并配有详细的分析和推导证明。对学生来讲,可读性、可实现性和可操作性强。

本书共分为10章,第7、8、9、10章内容及习题由田野编写,第1、2、3、4章内容及习题由刘国红编写,第5章内容及习题由王冲编写,第6章内容及习题由张铁群编写,田野和刘国红负责全书修改及校对工作。

本书在撰写和出版过程中,得到了宁波大学信息科学与工程学院信息与通信工程系所、吉林大学通信工程空间信息与数字技术系所的支持,同时还得到了同仁们的指导和帮助,在此表示诚挚的感谢。

本书的编写得到了宁波大学信息与通信工程学科、吉林大学信息与通信学科的资助。

由于编者水平有限,书中的疏漏和不足在所难免,恳请读者给予批评指正。

编　者

2023年5月

目 录

第 1 章　引言

1.1　背景及意义

被动信源定位是指根据观测信号和传感器阵列流形，利用阵列信号处理方法，估计出感兴趣信源的波达方向(direction of arrival，DOA)或者方位角、俯仰角、距离等定位参量，以此来确定信源空间位置的技术[1-3]。被动信源定位是阵列信号处理领域的主要研究方向之一，在通信、声呐、雷达、航空技术、水下探测等诸多民用和军用领域有非常重要的作用[4-10]。

根据定位目标与接收传感器阵列之间的距离，信源定位技术可以分为远场源定位(又称波达方向估计或 DOA 估计)和近场源定位。当信源与传感器阵列之间的距离 $r \gg 2D^2/\lambda$(D 为传感器阵列孔径，λ 为信号波长)，即目标信源位于阵列孔径的夫琅禾费(Fraunhofer)区域时为远场源；当信源与传感器阵列之间的距离 $r \in (\lambda/2\pi, 2D^2/\lambda)$，即目标信源位于阵列孔径的菲涅尔(Fresnel)区域时为近场源[11-14]。在信源定位模型中，远场源和近场源信号的波前需用不同形式进行描述，如图 1.1 所示。当目标信号位于远场区时，从波的传播理论可知信源信号的波前曲率可忽略不计，信号波前通常假设为平面波，信源位置主要由角度参量确定。当目标信号位于近场区时，波前曲率不能忽略不计，信号波前为球面波，且形状随传感器阵元位置有非线性变化的特点，此时信源位置由角度和距离共同确定。

图 1.1　基于均匀线阵的远近场混合源定位模型

早期的信源定位技术研究主要集中在远场情况，远场源定位算法发展至今已经相当成熟。Bartlett 波束成形法[15]是最早的基于传感器阵列的 DOA 估计算法，其本质是将传统时域傅里叶谱估计直接应用到空域，这导致角度估计的分辨率严格受到瑞利限的约束。为突破瑞利限的限制，又相继提出了谐波分析算法[16]、最大熵谱(MEM)算法[17]、最小方差(MVM)算法[18]等。由于加性背景噪声的统计特性未得到充分利用，这限制了上述基于线性预测的算法对分辨率的改进性能。最大似然(maximum likelihood，ML)类算法[19-20]充分利用了阵列观测数据的统计特性，具有较为理想的方位角估计性能，然而其代价函数是非凸非线性的，求解过程需要进行多维搜索，计算复杂度较高。特征子空间类算法是实现远场源定位最有效的解决途径，同时也被认为是一类超分辨算法。该类算法基于阵列观测数据的协方差矩阵，通过对其进行特征值分解获得相应的特征子空间，以此为基础通过谱峰搜索或者求解旋转因子实现远场源到达角估计。依据所利用的特征子空间的不同，现有的子空间算法主要分为如下两种：①以多重信号分类(multiple signal classification，MUSIC)算法[21]为代表的噪声子空间类算法；②以旋转不变(estimation of signal parameters via rotational invariance technique，ESPRIT)算法[22]为代表的信号子空间类算法。为减少由谱峰搜索引起的计算量，提升远场源定位参量估计性能，国内外学者又相继提出了特征矢量算法[23]、求根 MUSIC 算法[24]、MNM 算法[25]、TAM 算法[26]、四阶累积量 ESPRIT 算法[27]、孔径扩展 ESPRIT 算法[28]等改进算法。

20 世纪 90 年代，为定位处于菲涅尔区的目标信号，近场源定位参量估计问题引起了学术界的重视。Swindlehurst 等提出了一种基于空域维格纳分布的近场源方位角、距离二维定位参量估计算法[29]，但该算法需要高维搜索，计算复杂度高，且估计精度较低。Huang 等将传统的远场 MUSIC 算法扩展到近场，提出了近场源二维(2-D)MUSIC 算法[30]。针对该算法由二维谱峰搜索引起的计算量大这一不足，学术界提出了近场求根 MUSIC 算法[31]，路径搜索(path-following)算法[32]及其改进形式[33]等。高阶 ESPRIT 算法[34-35]探索了阵列观测数据在累积量域的特性，通过恰当选择阵元输出构建一组四阶累积量矩阵，通过求解两个旋转因子估计出近场源方位角和距离。为解决该算法计算无效性的问题，避免额外的参数匹配过程，国内外学者又提出了高阶酉 ESPRIT 算法[36]，基于平行因子分析[37]的近场源定位参量估计算法[38-39]等改进算法。

在一些实际应用中，如当使用麦克风阵列进行说话人定位时，目标信号既可能出现在阵列孔径的夫琅和费区域，也可能出现在阵列孔径的菲涅尔区域，即阵列观测信号通常由远场源和近场源共存组成[40-41]。以均匀线阵为接收阵列，考虑远场源和近场源共存的情况，信源定位的信号模型可表示为

$$x_l(t) = \sum_{m=1}^{M} s_m(t)\mathrm{e}^{-\mathrm{j}\bar{\omega}\tau_{lm}} + n_l(t) \tag{1.1}$$

其中，$x_l(t)$是第l个传感器的观测信号；$s_m(t)$是远场源或近场源包络；$\bar{\omega}$为信源信号的角频率；τ_{lm}为时延差；M为信源数目；$n_l(t)$为相应的加性背景噪声。

所谓的远场源和近场源共存是指公式(1.1)中，信源$s_m(t)$可能是远场源，也可能是近场源，即定位信源为远场和近场的混合源。传统的远场源定位模型和近场源定位模型均可认为是公式(1.1)的特殊形式。因此，远近场混合源定位模型更具有普适性，基于该模型的定位参量估计算法也更具研究价值。基于这一事实，本教材后续章节将在充分分析远近场混合源定位模型特性的基础上，重点剖析当前主流且有效的远近场混合源分离手段，并对近年来基于该模型的定位参量估计若干新算法进行详细介绍和评价，以期进一步完善现有信源定位参量估计理论体系，既为说话人定位等实际问题的解决提供研究思路，也为无线通信、雷达声呐探测等领域的研究生提供必要的理论指导和技术储备。此外，除远近场混合源定位问题外，作者也对近十年来比较热门的稀疏重构/压缩感知类定位参量估计问题进行了适当分析和介绍，以供相关研究生进行学习。

1.2 国内外研究现状

近几年，国内外学者逐步重视对远近场混合源定位参量估计问题的研究，并提出了相应的解决途径。依据所使用的数学工具的不同，现有的远近场混合源定位技术可主要分为两大类，即基于特征子空间的远近场混合源定位算法和基于稀疏重构的远近场混合源定位算法。

1. 基于特征子空间的远近场混合源定位算法

现有的基于特征子空间的远近场混合源定位算法主要采用如下两种思路实现定位参量估计：Ⅰ. 同时获得远场源和近场源方位角的估计值，以此为基础将角度信息代入二维谱峰搜索实现近场源的距离估计；Ⅱ. 在估计出远场源

方位角的基础上，通过合理的数学手段分离远场源和近场源，应用近场源观测数据实现相应的方位角和距离估计。基于上述两种思路的定位算法的国内外研究现状可分别阐述如下：

(1)基于思路Ⅰ的远近场混合源定位算法。

远场近似(far-field approximation，FFA)法[42]可认为是最早解决远近场混合源定位问题的一个途径。该算法将近场协方差矩阵作为远场协方差矩阵的有损模型，根据远场协方差矩阵的 Toeplitz 特性来构造 FFA 协方差矩阵，在此基础上利用远场 MUSIC 技术进行参量估计。1995 年，Lee 等人探索了阵列观测数据的循环相关(二阶循环矩)特性，将该算法进一步扩展，并提出了适用于循环平稳信源的改进算法[43]。然而，FFA 算法及其改进形式均基于近场源距离远远大于阵列孔径的假设条件，这导致当近场源比较接近传感器阵列时，相应的定位性能明显下降。2010 年，梁军利等人提出了基于四阶累积量的两步 MUSIC 算法[44]。该算法通过选择特定的传感器观测数据构造两个特殊的四阶累积量矩阵，使得第一个方向矩阵仅包含角度信息，而第二个方向矩阵同时包含角度和距离参量，应用一维 MUSIC 谱峰搜索获得远场源与近场源的方位角，并将得到的 DOA 信息代入二维搜索实现距离估计。分析该算法的实现过程，可知存在如下两个不足：①高维四阶累积量矩阵的构建导致其计算复杂度较高；②当远场源与近场源具有相近甚至相同的方位角时，第一个方向矩阵不再满足列满秩条件，导致信号子空间和噪声子空间难以正确区分，出现估计错误问题。2013 年，王波等人探索了阵列孔径扩展技术[45]，提出了四阶累积量与二阶统计量相结合的混合阶 MUSIC 算法[46]，改进了定位参量估计的分辨率。然而与两步 MUSIC 算法类似，该算法依然存在计算复杂度高和估计错误两个问题。

(2)基于思路Ⅱ的远近场混合源定位算法。

2012 年，He 等人提出了基于二阶统计量的斜投影算法[47]。该算法在通过一维 MUSIC 谱峰搜索获得远场源方位角的基础上，将斜投影技术[48]应用到阵列观测数据，实现了远场源和近场源的分离，避免了因角度模糊引起的估计错误问题，进一步利用均匀线阵的对称性估计出近场源方位角和距离。该算法的实施过程仅依赖于二阶统计量，具有计算复杂度较低的优势。然而，由于在估计近场源方位角时仅利用了协方差矩阵的交叉对角线信息，这导致相应的近场源定位精度较低。2014 年，姜佳佳等人提出了无须任何谱峰搜索的远近场混合源定位参量估计新算法[49]，但该算法本质上是近场ESPRIT-Like算法[50]和远场求根MUSIC算法[51]的直接结合，且远近场混合源的分离是在定位参量估计之后实现的。

2. 基于稀疏重构的远近场混合源定位算法

在信源定位的信号模型中，通常假设在感兴趣的空域范围内只存在少数的点目标。如果将整个感兴趣的空域范围内不存在目标的位置处看成是目标幅度为零，则不同位置对应的目标幅度就构成了一个稀疏信号。而这种空域的稀疏性，使得稀疏信号重构算法可以直接应用于阵列信号的定位参量估计。

事实上，利用稀疏重构进行信源定位参量估计的研究早在20世纪90年代就已经开始，当时Goroditsky等人在提出基于ℓ_p范数约束的迭代加权最小二乘稀疏重构算法——FOCUSS(focal underdetermined system slover)[52]的同时就初步验证了其在DOA估计中的适用性，然而原本的FOCUSS算法只适用于单快拍的情况，这使得噪声背景下的信源定位参量估计精度难以保证。随后Cotter等人在基本FOCUSS算法的基础上，提出了多测量矢量MFOCUSS算法[53]，在一定程度上提高了算法的稳定性。另一个较早利用稀疏重构进行信源定位研究的是Fuchs等人，他们通过在波束域上构建稀疏表示模型，提出了一种全局匹配滤波器(global matched filter，GMF)[54-55]，并基于ℓ_1范数约束进行稀疏重构获得DOA估计。对基于稀疏重构的信源定位参量估计研究具有重大意义的是Malioutov等人提出的ℓ_1-SVD方法[56]，该方法在时域构建ℓ_1范数约束的稀疏表示模型，利用SVD分解降低算法复杂度和对噪声的敏感性，并基于二阶锥规划(second-order cone programming，SOCP)[57]进行求解。该方法全面阐释了稀疏重构应用于信源定位参量估计带来的诸多优势，如高分辨率、强噪声鲁棒性、适用于相干信号及无须精确的初始条件等等。在ℓ_1-SVD方法的基础上，Zheng和Xu等人分别利用噪声子空间与信号子空间的正交性以及Capon谱函数提出了加权ℓ_1范数约束稀疏重构方法[58-59]，Hu等人则提出了基于加权子空间匹配(weighted subspace fitting，WSF)的稀疏重构方法[60]，这些方法均在一定程度上提高了DOA估计性能。不同于时域稀疏表示下的DOA估计方法，Yin等人在阵列协方差矩阵向量稀疏表示的基础上，提出了ℓ_1-SRACV方法[61]，在高样本下增强了算法的噪声鲁棒性能。Stoica等人依据样本协方差矩阵的稀疏表示，提出了一种基于协方差稀疏迭代(sparse iterative covariance-based estimation，SPICE)

的 DOA 估计方法[62]，避免了正则化参数的选择。上述 ℓ_1 范数约束 DOA 估计算法具有全局最优性，但计算复杂度高，且受信源数或阵元数的三次方影响。不同于 ℓ_1 范数约束稀疏重构方法，Cotter 和 Wang 等人提出了基于匹配追踪(matching pursuit，MP)[63]和正交匹配追踪(orthogonal matching pursuit，OMP)[64]的 DOA 估计算法，Hyder 等人则利用高斯函数进行 ℓ_0 范数逼近，提出了 JLZA(joint ℓ_0 approximation)DOA 估计算法[65]。和 ℓ_1 范数约束稀疏重构方法相比，这些算法的收敛速度更快、计算复杂度更低，但算法的全局最优性却难以保证。

综上，作为一种主要的可提高定位算法分辨率的数学工具，稀疏重构已被应用到远场源 DOA 参量估计中并取得了较好的研究成果。然而，基于稀疏重构的远近场混合源定位的研究进展相对较为缓慢。2013 年，王波等人率先将稀疏重构应用到远近场混合源定位中，并提出了基于该理论的定位参量估计算法[66]。该算法在累积量域构造仅包含远场源和近场源方位角信息的向量，利用加权 ℓ_1 范数最小化方法估计出所有信源的方位角，以此为基础在稀疏重构理论框架下构造出一个混合过完备矩阵，获得近场源距离估计值。田野等人将稀疏重构与 MUSIC 算法结合，在二阶统计量域为远近场混合源定位问题的解决提供了新的途径[67-68]。与基于特征子空间类的远近场混合源定位算法相比，稀疏重构类算法存在的一个主要不足是计算复杂度较高。

分析上述国内外研究现状，可知现有远近场混合源定位参量估计算法研究主要存在如下三个问题：

(1)计算有效的远近场混合源定位算法有待深入研究。

现有的基于思路Ⅰ的特征子空间类算法往往在四阶累积量域实现定位参量估计，而以稀疏重构为数学手段的定位算法又涉及较为复杂的迭代过程，这导致上述算法均具有较高的计算复杂度。因此，在特征子空间理论框架下，探索较低阶矩或累积量降低算法计算量的途径，提出计算有效的远近场混合源定位参量估计新算法是研究重点之一。

(2)缺少有效的远近场混合源分离方法。

在远近场混合源定位模型中，远场源和近场源具有相近甚至相同的方位角是一种较为常见的情况，此时，基于思路Ⅰ的特征子空间类算法将出现估计错误问题。基于思路Ⅱ的特征子空间类算法引入斜投影等技术分离远近场混合源，在无远场源干扰的情况下实现近场源定位，避免了因角度模糊引起的估计错误问题。然而,其分离性能受远场源方位角估计精度的影响,不尽理想。因此,探索更为有效的数学手段分离远场源和近场源,以此为基础提出相应的定位参量估计新算法是又一个研究重点。

(3)由近场源等效为虚拟远场源而引起的伪峰问题有待解决。

在现有的远近场混合源定位技术中,基于二阶统计量的斜投影算法可避免估计错误问题,且在一定程度上实现了计算复杂度和估计精度的均衡,因此可认为是解决远近场混合源定位问题的最为有效的途径。然而,该算法在定位远场源时,直接将 MUSIC 谱峰搜索应用到远近场混合源模型中,因近场源可等效为虚拟远场源,导致相应的空间谱出现伪峰,影响了远场源方位角估计。因此,寻求解决上述伪峰问题的有效途径,提出可实现远场源和近场源定位参量分别估计的新算法是研究难点。

1.3　本书主要内容安排

本书共包括十章,具体内容和结构安排如下:

第 1 章概述了远近场混合源定位参量估计的研究背景及研究意义,总结分析了现有远场源定位或近场源定位技术难以直接扩展至远近场混合源的根源,并综述了现有的远近场混合源定位参量估计技术的国内外研究现状。

第 2 章介绍基于对称均匀线阵的远近场混合源定位模型,分析该模型所具有的主要特性,在此基础上从基本原理、实现过程、理论性能分析及仿真验证等角度对比评价两种代表性的远近场混合源定位参量估计算法。本章内容将为后续研究提供模型基础和理论依据。

第 3 章首先介绍高阶统计量和高阶循环矩基本概念和性质;其次在对称均匀线阵的假设下,通过恰当选择阵列观测数据构造特殊三阶循环矩矩阵,以此为基础分析了基于三阶循环矩的远近场混合源定位参量估计算法,并对该算法进行理论分析和仿真验证;应用循环相关改进策略,阐释了基于混合阶循环矩的远近场混合源定位算法。

第 4 章主要由三部分内容组成:第一部分阐述远场子空间差分技术的基本原理;第二部分介绍基于子空间差分的远近场混合源定位参量估计算法,该算法采用子空间差分分离远场源和近场源,应用 ESPRIT-Like 方法实现近场源方位角和距离的联合估计;第三部分探索多项式求根代替一维谱峰搜索,得到计算更为有效的子空间差分算法。

第 5 章共包括五部分：第一部分证明远场源和近场源协方差矩阵的特征结构差异性；第二部分分析应用协方差矩阵差分技术抑制有色噪声的基本原理；第三部分将空间差分技术引入到远近场混合源定位中，得到基于协方差矩阵差分的远近场混合源定位参量估计算法，并对该算法的性能进行理论分析和仿真验证；第四部分探索未知有色噪声协方差矩阵的对称 Toeplitz 特性，提出复杂噪声下的远近场混合源定位算法；第五部分对本章内容进行总结。

第 6 章在阐述近场子空间差分技术的基础上，联合应用协方差矩阵差分和子空间差分实现远场源和近场源的理想分离，提出基于两步矩阵差分的远近场混合源分离及定位参量估计新法，并从分离合理性、估计精度、计算复杂度等角度对该算法的性能进行理论分析和仿真验证。

第 7 章介绍压缩感知、稀疏重构的基本理论和代表性稀疏重构算法，并通过仿真分析与评价各稀疏重构算法在阵列信源定位参量估计中的适用性及优势。

第 8 章研究高斯白噪声、未知非均匀噪声及未知色噪声等复杂噪声背景下基于稀疏重构的远场源 DOA 和功率联合估计问题。分析了高斯白噪声和未知非均匀噪声背景下基于二阶统计量向量稀疏表示和 l_0 范数逼近的 DOA 和功率估计新算法，未知色噪声背景下基于协方差差分和 Adaptive LASSO 的 DOA 和功率估计新算法。对于 l_0 范数逼近算法，从理论上证明该算法不仅是收敛的，而且是渐进无偏的。对于协方差差分和 Adaptive LASSO 算法，证明了其不仅可以有效地抑制色噪声，获得改进的定位参量估计性能，而且无须信源数的先验信息以及可以通过谱峰正负号判断简单有效地区分伪峰。

第 9 章研究基于稀疏重构的远近场混合源定位参量估计问题。分别从降低计算复杂度和对信源数的敏感性，提高估计精度和对不同信源信号的适用性等方面出发，介绍了基于四阶累积量向量稀疏表示的远近场混合源定位参量估计算法、基于加权 l_1 范数约束和 MUSIC 的远近场混合源定位参量估计算法。介绍的两种新算法在保证估计精度的同时，不仅有效地降低了计算复杂度、避免了不必要的网格划分和参数配对过程，而且还适用于远场源和近场源情况下的参数估计，是一类通用的算法。

第 10 章研究极化敏感阵列下基于稀疏重构的 DOA、功率和极化参量联合估计问题。介绍了交叉电偶极子阵下基于加权 l_1 范数约束和 l_0 范数逼近的 DOA、功率和极化参量联合估计算法。探讨了如何在极化敏感阵列下利用稀疏重构获得精度高的信源多参数估计问题以及如何利用极化信息区分两个入射角度一致的信源信号问题。

1.4 习题

(1)说明近场源定位模型与远场源定位模型间的主要不同之处,该不同对定位参量估计会带来什么样的影响?

(2)查阅文献资料解释什么是菲涅尔区域?为什么目标信源位于阵列孔径的菲涅尔区域时可表征为近场源?

(3)分析说明信源定位参量估计如何在无线通信、雷达、声呐探测和航空航天中发挥作用?

(4)结合本教材内容及统计学、泛函分析等理论,说明子空间理论与稀疏重构理论为什么能实现信源定位参量估计?它们之间的本质差别是什么?

参考文献

[1] JOHNSON D H,DUDGEON D E. Array signal processing:concepts and techniques[M]. Englewood Cliffs:Prentice Hall,1993.

[2] 王永良. 空间谱估计理论与算法[M]. 北京:清华大学出版社,2004.

[3] 张贤达. 通信信号处理[M]. 北京:国防工业出版社,2005.

[4] KRIM H,VIBERG M. Two decades of array signal processing research: the parametric approach [J]. IEEE Signal Processing Magazine,1996,13(4):67-94.

[5] 符渭波. MIMO 雷达参数估计技术研究[D]. 西安:西安电子科技大学,2012.

[6] 李启虎. 声呐信号处理理论[M]. 北京:海洋出版社,2000.

[7] BOLCSKEI H,GESBERT D,PAPADIAS C,et al. Space-time wireless systems:from array signal processing to MIMO communications [M]. New York:Cambridge University Press,2008.

[8] ZELEK J,BULLOCK D. Towards real-time 3-D monocular visual tracking of human limbs in unconstrained [J]. Real-Time Imaging,2005,11:

323-353.

[9] BENESTY J,CHEN J,HUANG Y. Microphone array signal processing [M]. Heidelberg:Springer-Verlag,2008.

[10] HARRY L,VAN T. Optimum array processing [M]. New York:John Wiley & Sons,2002.

[11] HAMILTON M,SCHULTHESIS P M. Passive ranging in multipath dominant environments,Part I:Known multipath parameters [J]. IEEE Transaction on Acoustic,Speech and Signal Processing,1992,40(1):1-12.

[12] LEE S H,RYU C S,LEE K K. Near-field source localization using bottom mounted linear sensor array in multipath environment [C]. Proceedings of IEE Radar,Sonar and Navigation,2002,202-206.

[13] MC I A,MOORE D C,SRIDHARAN S. Near-field adaptive beam former for robust speech recognition [J]. Digital Signal Processing,2002,12(1):87-106.

[14] ASANO F,ASOH H,MATSUI T. Sound source localization and separation in near field [J]. IEICE Transaction on Fundamentals of Electronics,Communications and Computer Sciences, 2000, E83-A (11): 2286-2294.

[15] VEEN B,BUCKLEY K. Beamforming:a versatile approach to spatial filtering [J]. IEEE ASSP Magazine,1988,4-24.

[16] KAY S M, MARPLE S L. Spectrum analysis-a modern perspective [C]. Proceedings of the IEEE,1981,69(11):1380-1419.

[17] BURG J P. Maximum entropy spectral analysis [C]. Proceedings of the 37th meeting of the Annual,OK,1967.

[18] CAPON J. High resolution frequency wavenumber spectrum analysis [C]. Proceedings of the IEEE,1969,57(8):1408-1418.

[19] STOICA P,NEHORIA A. MUISC,maximum likelihood,and Cramer-Rao bound [J]. IEEE Transaction on Acoustic,Speech and Signal Processing,1989,37(5):720-741.

[20] STOICA P,NEHORIA A. Performance study of conditional and uncon-

ditional direction-of-arrival estimation [J]. IEEE Transaction on Acoustic, Speech and Signal Processing, 1990, 38(10): 1783-1795.

[21] SCHMIT R O. Multiple emitter location and signal parameter estimation [J]. IEEE Transactions on Antennas and Propagation, 1986, 34 (3): 276-280.

[22] ROY R, KAILATH T. ESPRIT a subspace rotation approach to estimation of parameters of cissoids in noise [J]. IEEE Transactions on Acoustic, Speech and Signal Processing, 1986, 34(10): 1340-1342.

[23] CADZOW J A, KIM Y S, SHIUE D C. General direction-of-arrival estimation: a signal subspace approach [J]. IEEE Transaction on Aerospace and Electronic Systems, 1989, 25(1): 31-47.

[24] RAO B D, HARI K V. Performance analysis of Root-MUSIC [J]. IEEE Transaction on Acoustic, Speech and Signal Processing, 1989, 37(12): 1939-1949.

[25] KUMARESAN R, TUFTS D W. Estimating the angles of arrival of multiple plane waves [J]. IEEE Transactions on Aerospace and Electronic Systems, 1983, 19(1): 134-139.

[26] BAO B R, ARUN K S. Model based processing of signals: a state space approach [C]. Proceedings of IEEE, 1992, 80(2): 283-309.

[27] CHIANG H H, NIKIAS C L. The ESPRIT algorithm with high-order statistics [J]. Workshop on Higher-Order Spectral Analysis, 1989, 163-168.

[28] GONEN E, MENDEL J M. Applications of cumulants to array processing, Part Ⅳ: direction finding in coherent signals case [J]. IEEE Transactions on Signal Processing, 1997, 45(9): 2265-2276.

[29] SWINDLEHURST A L, KAILATH T. Passive direction of arrival and range estimation for near-field sources [C]. IEEE Spectrum Estimation and Modeling. Workshop, Minneapolis, MN USA, 1988: 123-128.

[30] HUANG Y D, BARKAT M. Near-field multiple source localization by passive sensor array [J]. IEEE Transaction on Antennas and Propagation, 1993, 18(2): 968-975.

[31] WEISS A J,FRIEDLANDER B. Range and bearing estimation using polynomial rooting [C]. IEEE Journal of Oceanil Engineering,1993,18(2):130-137.

[32] STARER D,NEHORAI A. Path-following algorithm for passive localization of near-field sources [C]. Spectrum Estimation and Modeling, 1990,677-680.

[33] LEE J H,LEE C M,LEE K K. A modified path-following algorithm using a known algebraic path [J]. IEEE Transactions on Signal Processing,1999,47(5):1407-1409.

[34] CHALLA R N,SHAMSUNDER S. High-order subspace-based algorithms for passive localization of near-field sources [C]. 29th Asilomar Conference,Pacific Grove,CA USA,1995,777-781.

[35] YUEN N,FRIEDLANDER B. Performance analysis of higher order ESPRIT for localization of near-field sources [J]. IEEE Transactions on Signal Processing,1998,46(3):709-719.

[36] HAARDT M,CHALLA R N,SHAMSUNDER S. Improved bearing and range estimation via high-order subspace based unitary ESPRIT [C]. IEEE Internatioal Conference on Signals,Systems and Computers, 1996,380-384.

[37] SIDIROPOULOS N D,BRO R,GIANNAKIS G B. Parallel Factor analysis in sensor array processing [J],IEEE Tranaction on Signal Processing,2000,48(3):2377-2388.

[38] 梁军利,杨树元,赵峰,张远航. 一种基于平行因子分析的近场源定位新方法[J]. 系统工程与电子技术,2007,29(1):32-36.

[39] 梁军利. 基于平行因子分析的信源四维参数联合估计[J]. 科学通报, 2008,53(7):843-850.

[40] WARD D B,ELKO G W. Mixed near field and/far field beamforming:a new technique for speech acquisition in a reverberant environment [C]. IEEE ASSP Workshop on Applications of Signal Processing to Audio and Acoustics,1997,19-22.

[41] TICHAVSKY P,WONG K T,ZOLTOWSKI M D. Near-field and far-

field azimuth elevation angle estimation using a single vector-hydrophone [J]. IEEE Transaction on Signal Proceeding, 2001, 49: 2498-2510.

[42] LEE J H, CHEN Y M, YEH C C. A covariance approximation method for near-field direction finding using a uniform linear array [J]. IEEE Transaction on Signal Processing, 1995, 43(5): 1293-1298.

[43] LEE J H, TUNG C H. Estimating the bearings of the near-field cyclostationary signals [J]. IEEE Transaction on Signal Processing, 2002, 50(1): 110-119.

[44] LIANG J L, LIU D. Passive Localization of Mixed Near-Field and Far-Field Sources Using Two-stage MUSIC Algorithm [J]. IEEE Transactions on Signal Processing, 2010, 58(1): 108-120.

[45] PAL P, VAIDYANATHAN P. Nested array: A novel approach to array processing with enhanced degrees of freedom [J]. IEEE Transaction on Signal Processing, 2010, 58(8): 4167-4181.

[46] WANG B, ZHAO Y Y, LIU J J. Mixed-Order MUSIC algorithm for localization of far-field and near-field sources [J]. IEEE Signal Processing Letters, 2013, 20(4): 311-314.

[47] HE J, SWANY M N S, AHMAD M O. Efficient application of MUSIC algorithm under the coexistence of far-field and near-field sources [J]. IEEE Transaction on Signal Processing, 2012, 60(4): 2066-2070.

[48] BOYER R, GUILLAUME B. Oblique projections for direction-of-arrival estimation with prior knowledge [J]. IEEE Transaction on Signal Processing, 2008, 56(4): 1374-1387.

[49] JIANG J J, DUAN F J, CHEN J, et al. Mixed far-field and near-field sources localization using uniform linear array [J]. IEEE Sensors Journal, 2013, 13(8): 3136-3143.

[50] ZHI W, CHIA M Y W. Near sources localization using symmetrix subarrays [J]. IEEE Signal Processing Letters, 2007, 14(4): 409-412.

[51] REN Q S, WILLS A J. Fast Root-MUSIC algorithm [J]. Eletronic Letters, 1997, 33(6): 450-451.

[52] GORODNITSKY I, RAO B D. Sparse signal reconstruction from limited data using FOCUSS: a re-weighted minimum norm algorithm[J]. IEEE Transactions on Signal Processing, 1997, 45 (3): 600-616.

[53] COTTER S F, RAO B D, ENGAN K, et al. Sparse solution to linear inverse problems with multiple measurement vectors [J]. IEEE Transactions on Signal Processing, 2005, 53 (7): 2477-2488.

[54] FUCHS J. On the use of the global matched filter for DOA estimation in the presence of correlated waveforms [C]. Proceedings of the 42nd Asilomar Conference on Signals, Systems and Computers, Pacific Grove, CA, 2008, 269-273.

[55] FUCHS J. Identification of real sinusoids in noise, the global matched filter approach [C]. Proceedings of the 15th IFAC Symposium on System Identification, 2009, 1127-1132.

[56] MALIOUTOV D, CETIN M, WILLSKY A. A sparse signal reconstruction perspective for source localization with sensor arrays [J]. IEEE Transactions on Signal Processing, 2005, 53(8): 3010-3022.

[57] LOBO M, VANDENBERGHE L, BOYD S, et al. Application of second-order cone programming [J]. Linear Algebra and its Applications, 1998, 284(1-3): 193-228.

[58] ZHENG C, LI G, ZHANG H, et al. An approach of DOA estimation using noise subspace weighted l_1 minimization [C]. Proceedings of the IEEE International Conference on Acoustics, Speech and Signal Processing (ICASSP '2011), 2011, 2856-2859.

[59] XU X, WEI X, YE Z. DOA estimation based on sparse signal recovery utilizing weighted l_1-norm penalty[J]. IEEE Signal Processing Letters, 2012, 19 (3): 155-158.

[60] Hu N, Ye Z, Xu D, et al. A sparse recovery algorithm for DOA estimation using weighted subspace fitting[J]. Signal Processing, 2012, 92 (10): 2566-2570.

[61] YIN J, CHEN T. Direction-of-arrival estimation using a sparse representation of array covariance vectors[J]. IEEE Transactions on Signal

Processing,2011,59(9):4489-4493.

[62] STOICA P,BABU P,LI J. SPICE:a sparse covariance-based estimation method for array processing [J]. IEEE Transactions on Signal Processing,2011,59(2):629-638.

[63] COTTER S F. Multiple snapshot matching pursuit for direction of arrival (DOA) estimation [C]. Proceedings of the 15th European Signal Processing (EUSIPCO 2007),Poznan,Poland,2007,247-251.

[64] WANG W,WU R. High resolution direction of arrival (DOA) estimation based on improved orthogonal matching pursuit (OMP) algorithm by iterative local searching [J]. Sensors,2013,13(9):11167-11183.

[65] HYDER M M, MAHATA K. Direction-of-arrival estimation using a mixed $\ell_{2,0}$ norm approximation [J]. IEEE Transactions on Signal Processing,2010,58(9):4646-4655.

[66] WANG B, LIU J J, SUN X Y. Mixed sources localization based on sparse signal reconstruction [J]. IEEE Signal Processing Letters,2012, 19(8):487-490.

[67] TIAN Y,SUN X Y. Mixed sourcelocalization using a sparse representation of cumulant vectors [J]. IET Signal Processing, 2014, 8(6): 604-611.

[68] TIAN Y,SUN X Y. Passive localization of mixed sources jointlyusing MUSIC and sparse signal reconstruction [J]. International Journal of Electronics and Communications,2014,68(6):534-539.

第 2 章 基于斜投影的远近场源定位参量估计

2.1 远近场混合源定位模型

假设 M 个(包含 M_1 个近场源和 $M-M_1$ 个远场源)不相关信源入射到由 $L=2N+1$ 个传感器组成的对称均匀线阵上,阵列结构如图 2.1 所示,其中,d 为阵元间距。

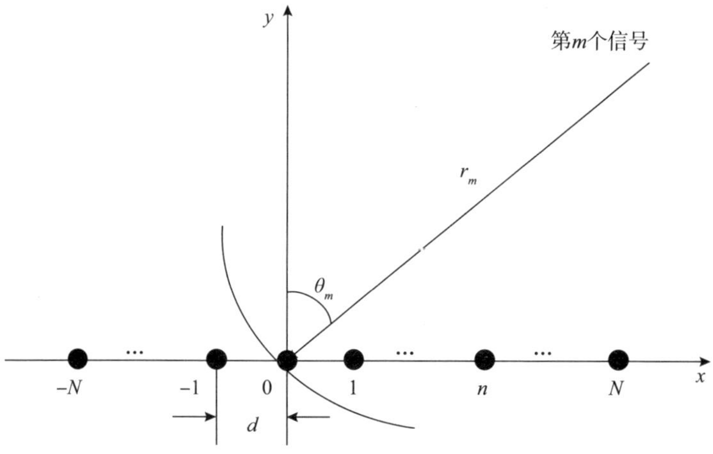

图 2.1 基于均匀线阵的远近场混合源定位模型

以阵元 0 作为参考阵元,则第 l 个传感器在 t 时刻的接收信号可表示为[1-3]

$$x_l(t)=\sum_{m=1}^{M}s_m(t-\tau_{lm})+n_l(t)=\sum_{m=1}^{M}s_m(t)\mathrm{e}^{-\mathrm{j}\bar{\omega}_0\tau_{lm}}+n_l(t) \tag{2.1}$$

其中,$x_l(t)$是传感器观测信号;$s_m(t)$是远场源或近场源包络;$n_l(t)$为传感器加性背景噪声;M 为信源数目;$\bar{\omega}_0$ 为信源信号的角频率;τ_{lm} 为信源 m 从参考阵元到第 l 个传感器的时延差。

当第 m 个信号为近场源时，相应的波程差 r' 满足 $r'=r_m-r_{lm}$，其中 r_{lm} 为信源 m 到第 l 个传感器的距离，且满足：

$$r_{lm}^2=r_m^2+d_l^2-2r_m d_l\cos(\pi/2-\theta_m) \tag{2.2}$$

其中，d_l 为阵元 l 与参考阵元 0 之间的距离且满足 $d_l=ld$。

将公式(2.2)代入 $r'=r_m-r_{lm}$，可得波程差 r' 的表达式为

$$r'=r_m-r_m\sqrt{1+\left(\frac{d_l}{r_m}\right)^2-\frac{2d_l\sin\theta_m}{r_m}} \tag{2.3}$$

假设近场源信号的波速为 v，根据 $\omega_0=2\pi f_0=2\pi\ \dfrac{v}{\lambda}$ 可得 $v=\dfrac{\omega_0\lambda}{2\pi}$，则公式(2.1)中传播时延差 τ_{lm} 满足：

$$\tau_{lm}=\frac{r'}{v}=\frac{2\pi}{\omega_0\lambda}r' \tag{2.4}$$

相应的相位差可表示为

$$-\omega_0\tau_{lm}=-\frac{2\pi}{\lambda}r'=\frac{2\pi}{\lambda}r_m\left(\sqrt{1+\left(\frac{d_l}{r_m}\right)^2-\frac{2d_l\sin\theta_m}{r_m}}-1\right) \tag{2.5}$$

对公式(2.5)进行二项式展开并应用菲涅尔近似[4-5]，可得

$$\begin{aligned}-\omega_0\tau_{lm}&\approx\frac{2\pi}{\lambda}r_m\left(\frac{d_l^2}{2r_m^2}-\frac{d_l\sin\theta_m}{r_m}-\frac{d_l^2\ \sin^2\theta_m}{2r_m^2}\right)\\&=\frac{2\pi}{\lambda}r_m\left(\frac{d_l^2}{2r_m^2}\cos^2\theta_m-d_l\sin\theta_m\right)\\&=\left(-2\pi\ \frac{d}{\lambda}\sin\theta_m\right)l+\left(\pi\ \frac{d^2}{\lambda r_m}\cos^2\theta_m\right)l^2\end{aligned} \tag{2.6}$$

当第 m 个信号为远场源时，其相位差满足：

$$-\omega_0\tau_{lm}=\left(-2\pi\ \frac{d}{\lambda}\sin\theta_m\right)l \tag{2.7}$$

考虑 $L=2N+1$ 个传感器输出，则观测数据的矩阵形式为

$$\boldsymbol{X}(t)=\boldsymbol{AS}(t)+\boldsymbol{N}(t)=\boldsymbol{A}_{\mathrm{N}}\boldsymbol{S}_{\mathrm{N}}(t)+\boldsymbol{A}_{\mathrm{F}}\boldsymbol{S}_{\mathrm{F}}(t)+\boldsymbol{N}(t) \tag{2.8}$$

其中

$$\boldsymbol{X}(t)=[x_{-N}(t),\cdots,x_0(t),\cdots,x_N(t)]^{\mathrm{T}} \tag{2.9}$$

$$\boldsymbol{A}_{\mathrm{N}}=[\boldsymbol{a}(\theta_1,r_1),\boldsymbol{a}(\theta_2,r_2),\cdots,\boldsymbol{a}(\theta_{M_1},r_{M_1})] \tag{2.10}$$

$$\boldsymbol{A}_{\mathrm{F}}=[\boldsymbol{a}(\theta_{M_1+1}),\boldsymbol{a}(\theta_{M_1+2}),\cdots,\boldsymbol{a}(\theta_M)] \tag{2.11}$$

$$\boldsymbol{S}_{\mathrm{N}}(t)=[s_1(t),s_2(t),\cdots,s_{M_1}(t)]^{\mathrm{T}} \tag{2.12}$$

$$\boldsymbol{S}_{\mathrm{F}}(t)=[s_{M_1+1}(t),s_{M_2+1}(t),\cdots,s_M(t)]^{\mathrm{T}} \tag{2.13}$$

$$\mathbf{N}(t)=[n_{-N}(t),\cdots,n_0(t),\cdots,n_N(t)]^{\mathrm{T}} \tag{2.14}$$

分析图 2.1、公式(2.6)以及公式(2.7),可知基于均匀线阵的远近场混合源定位模型具有如下四个显著特性:

(1)当近场源数目 $M_1=M$ 时,图 2.1 所示的模型为传统的近场源定位模型,所有信源的相位差均满足公式(2.6);当近场源数目 $M_1=0$ 时,图 2.1 为传统的远场源定位模型,所有信源的相位差满足公式(2.7)。因此,近场源定位模型和远场源定位模型均可认为是远近场混合源定位模型的特殊形式。

(2)远场源相位差是传感器位置的线性函数,近场源相位差则是传感器位置的非线性函数,远场源的位置主要由角度(如方位角、俯仰角等)确定,而近场源的位置则由角度和距离共同确定。

(3)在对远场源进行定位参量估计时,并不涉及参数配对问题;对近场源而言,角度和距离需要进行参数匹配,此外,近场源距离的估计值往往需要在获得角度信息的基础上方可得到。

(4)在远近场混合源定位模型中,远场源和近场源可能从相近甚至相同的方向入射到传感器阵列,即二者具有相近甚至相同的角度信息,此时如何在噪声背景下有效分离远场源和近场源是实现混合源定位的前提与关键。

为了便于阐述后续研究内容,本节对远近场混合源定位模型做如下假设:

(1)传感器阵列为理想的对称均匀线阵,阵元间距满足 $d\leqslant 0.25\lambda$,阵列孔径的近场严格满足菲涅尔条件,远场源的距离认为是无穷大。

(2)除特别说明外,信源信号为窄带平稳随机过程,信号间彼此相互独立;背景噪声为均匀白复高斯随机过程,相应的噪声功率为 σ^2,且噪声与信源信号不相关。

(3)远场源和近场源的总数为 M,其中前 M_1 个信源假设为近场源,其余 $M-M_1$ 个信源为远场源,样本长度为 T_s。

(4)远近场混合源总数 M 假设为已知,或者可通过基于信息论准则的 AIC(Akaike information theoretic criteria)算法[6]、MDL(mimimum description length)算法[7]、广义似然比算法[8]、最大后验概率算法[9],以及盖氏圆 GDE(Gerschgorin disk estimator)算法[10]等估计得到。

2.2 斜投影技术

斜投影技术[11-12]是指沿着某一方向将观测数据投影到一个低秩的子空

间，且该子空间的方向与原始子空间不是正交的。作为被广泛应用在检测、估计、信号分析等领域的优化的解，该技术具有增强信号，抑制干扰和背景噪声等作用。

针对如公式(2.8)所示的阵列观测数据 $\boldsymbol{X}(t)$，可假设 $\boldsymbol{E}_{\boldsymbol{A}_F\boldsymbol{A}_N}$ 为一个斜投影算子，该算子的距离空间是 $\boldsymbol{A}_F$，零空间是 $\boldsymbol{A}_N$，则 $\boldsymbol{E}_{\boldsymbol{A}_F\boldsymbol{A}_N}$ 具有如下两个特性：

$$\boldsymbol{E}_{\boldsymbol{A}_F\boldsymbol{A}_N}\boldsymbol{A}_F = \boldsymbol{A}_F \tag{2.15}$$

$$\boldsymbol{E}_{\boldsymbol{A}_F\boldsymbol{A}_N}\boldsymbol{A}_N = 0 \tag{2.16}$$

因此，当远场源的方位角信息已知时，远场源方向矩阵 $\boldsymbol{A}_F$ 的估计值 $\widetilde{\boldsymbol{A}}_F$ 可以直接计算得到，以此为基础可按公式(2.17)计算斜投影矩阵 $\boldsymbol{E}_{\boldsymbol{A}_F\boldsymbol{A}_N}$ 为

$$\boldsymbol{E}_{\boldsymbol{A}_F\boldsymbol{A}_N} = \boldsymbol{R}^{\dagger}\widetilde{\boldsymbol{A}}_F(\widetilde{\boldsymbol{A}}_F^{H}\widetilde{\boldsymbol{A}}_F^{\dagger}\widetilde{\boldsymbol{A}}_F)^{-1}\widetilde{\boldsymbol{A}}_F^{H} \tag{2.17}$$

其中，上标 † 表示矩阵的伪逆；$\boldsymbol{R}$ 为观测数据 $\boldsymbol{X}(t)$ 的协方差矩阵，可用式(2.18)计算

$$\begin{aligned}\boldsymbol{R} &= E\{\boldsymbol{X}(t)\boldsymbol{X}^{H}(t)\} = \boldsymbol{R}_F + \boldsymbol{R}_N + \sigma^2\boldsymbol{I}\\ &= \boldsymbol{A}_F\boldsymbol{S}_F\boldsymbol{A}_F^{H} + \boldsymbol{A}_N\boldsymbol{S}_N\boldsymbol{A}_N^{H} + \sigma^2\boldsymbol{I}\end{aligned} \tag{2.18}$$

其中，$\boldsymbol{R}_F$ 和 $\boldsymbol{R}_N$ 分别为远场和近场协方差矩阵；$\boldsymbol{S}_F$ 和 $\boldsymbol{S}_N$ 分别为远场源信号和近场源信号协方差矩阵；σ^2 为背景噪声功率；$\boldsymbol{I}$ 为单位矩阵。

将获得的斜投影矩阵 $\boldsymbol{E}_{\boldsymbol{A}_F\boldsymbol{A}_N}$ 应用于阵列观测数据 $\boldsymbol{X}(t)$ 可得[13]

$$\bar{\boldsymbol{X}}(t) = (\boldsymbol{I} - \boldsymbol{E}_{\boldsymbol{A}_F\boldsymbol{A}_N})\boldsymbol{X}(t) = \boldsymbol{A}_N\boldsymbol{S}_N(t) + (I - \boldsymbol{E}_{\boldsymbol{A}_F\boldsymbol{A}_N})\boldsymbol{N}(t) \tag{2.19}$$

分析公式(2.19)可知，应用斜投影技术可抑制远场部分，提取出近场源观测数据，这是斜投影技术可实现远近场混合源分离的实质。

2.3　斜投影远近场源定位算法原理

在计算阵列观测数据协方差矩阵的基础上，通过一维 MUSIC 谱峰搜索获得远场源方位角估计值，引入斜投影技术实现远场源和近场源的分离，探索均匀线阵的对称性构造仅包含近场源方位角信息的统计量矩阵，充分利用估计的近场源方位角实现相应的距离估计。该算法同样避免了二维搜索和参数配对，与两步 MUSIC 算法相比，降低了计算复杂度，避免了估计错误问题。

2.4　斜投影定位算法实现过程

斜投影算法应用 MUSIC 思想实现远场源方位角估计，即对 $\boldsymbol{R}$ 进行特征

值分解，如公式(2.20)所示。

$$\boldsymbol{R}=\boldsymbol{U}_{\mathrm{s}}\boldsymbol{\Delta}_{\mathrm{s}}\boldsymbol{U}_{\mathrm{s}}^{\mathrm{H}}+\boldsymbol{U}_{\mathrm{n}}\boldsymbol{\Delta}_{\mathrm{n}}\boldsymbol{U}_{\mathrm{n}}^{\mathrm{H}} \tag{2.20}$$

其中，$\boldsymbol{U}_{\mathrm{s}}\in C^{L\times M}$ 为信号子空间；$\boldsymbol{\Delta}_{\mathrm{s}}\in\mathbf{R}^{M\times M}$ 为由 M 个大特征值组成的对角矩阵；$\boldsymbol{U}_{\mathrm{n}}\in C^{L\times(L-M)}$ 为噪声子空间，$\boldsymbol{\Delta}_{\mathrm{n}}\in\mathbf{R}^{(L-M)\times(L-M)}$ 为由 $L-M$ 个小特征值组成的对角矩阵。

远场源方位角可通过如公式(2.21)所示的一维角度搜索估计得到。

$$p_1(\tilde{\theta})=\left|\boldsymbol{a}(\theta)^{\mathrm{H}}\boldsymbol{U}_{\mathrm{n}}\boldsymbol{U}_{\mathrm{n}}^{\mathrm{H}}\boldsymbol{a}(\theta)\right|^{-1} \tag{2.21}$$

基于已获得的远场源方位角估计值，可应用公式(2.17)获得斜投影矩阵 $\boldsymbol{E}_{\boldsymbol{A}_{\mathrm{F}}\boldsymbol{A}_{\mathrm{N}}}$，根据公式(2.19)去除远场源观测数据，提取出相应的近场源信息 $\bar{\boldsymbol{X}}(t)$。在斜投影算法中，探索均匀线阵的对称性构造仅包含近场源方位角的统计量矩阵是避免二维谱峰搜索的关键。对于近场源观测数据 $\bar{\boldsymbol{X}}(t)$，其协方差矩阵的交叉对角线元素可表示为

$$r_{n,2N+2-n}=\sum_{m=1}^{M_1}s_m\mathrm{e}^{-\mathrm{j}2(N+1-n)\gamma_m}+\sigma^2\delta_{n,2N+2-n} \tag{2.22}$$

其中，$\delta_{n,2N+2-n}$ 为冲击函数。

应用交叉对角线的 $2N+1$ 个元素可形成列矢量 $\boldsymbol{y}$ 为

$$\boldsymbol{y}=[r_{1,2N+1},r_{2,2N},\cdots,r_{n,2N+2-n},\cdots,r_{2N,2},r_{2N+1,1}]^{\mathrm{T}} \tag{2.23}$$

将列矢量 $\boldsymbol{y}$ 划分为相互重叠的 K 个子矢量，其中第 k 个子矢量表示为

$$\boldsymbol{y}_k=[r_{k,2N+2-k},r_{k+1,2N+1-k},\cdots,r_{K+k-1,2N-K-k+3}]^{\mathrm{T}}=\boldsymbol{B}(\gamma)\boldsymbol{P}_k \tag{2.24}$$

其中

$$\boldsymbol{B}(\gamma)=[\boldsymbol{b}(\gamma_1),\boldsymbol{b}(\gamma_2),\cdots,\boldsymbol{b}(\gamma_{M_1})] \tag{2.25}$$

$$\boldsymbol{P}_k=[s_1^2\mathrm{e}^{\mathrm{j}\gamma_1k},s_2^2\mathrm{e}^{\mathrm{j}\gamma_2k},\cdots,s_{M_1}^2\mathrm{e}^{\mathrm{j}\gamma_{M_1}k}]^{\mathrm{T}} \tag{2.26}$$

公式(2.26)中，s_m^2 为第 m 个近场源信号功率。

基于 K 个子矢量 $\boldsymbol{y}_k$，计算统计量矩阵 $\boldsymbol{R}_y$，如公式(2.27)所示。

$$\boldsymbol{R}_y=\frac{1}{K}\sum_{k=1}^{K}\boldsymbol{B}\boldsymbol{P}_k\boldsymbol{P}_k^{\mathrm{H}}\boldsymbol{B}^{\mathrm{H}}=\boldsymbol{B}\boldsymbol{R}_K\boldsymbol{B}^{\mathrm{H}} \tag{2.27}$$

对 $\boldsymbol{R}_y$ 进行特征值分解，如公式(2.28)所示。

$$\boldsymbol{R}_y=\boldsymbol{U}_{y,\mathrm{s}}\boldsymbol{\Delta}_{y,\mathrm{s}}\boldsymbol{U}_{y,\mathrm{s}}^{\mathrm{H}}+\boldsymbol{U}_{y,\mathrm{n}}\boldsymbol{\Delta}_{y,\mathrm{n}}\boldsymbol{U}_{y,\mathrm{n}}^{\mathrm{H}} \tag{2.28}$$

其中，$\boldsymbol{U}_{y,\mathrm{s}}\in C^{(L-K+1)\times M_1}$ 为信号子空间；$\boldsymbol{\Delta}_{y,\mathrm{s}}\in\mathbf{R}^{M_1\times M_1}$ 为由 M_1 个大特征值组成的对角矩阵；$\boldsymbol{U}_{y,\mathrm{n}}\in C^{(L-K+1)\times(L-K+1-M_1)}$ 为噪声子空间；$\boldsymbol{\Delta}_{y,\mathrm{n}}\in\mathbf{R}^{(L-K+1-M_1)\times(L-K+1-M_1)}$ 为由 $L-K+1-M_1$ 个小特征值组成的对角矩阵。

近场源方位角的估计值为

$$p_2(\tilde{\theta}) = \left|\boldsymbol{b}(\theta)^{\mathrm{H}}\boldsymbol{U}_{\boldsymbol{y},\mathrm{n}}\boldsymbol{U}_{\boldsymbol{y},\mathrm{n}}^{\mathrm{H}}\boldsymbol{b}(\theta)\right|^{-1} \tag{2.29}$$

将$\tilde{\theta}$代入近场源方向矢量 $\boldsymbol{a}(\theta,r)$，相应的距离估计值为

$$p_3(\tilde{r}) = \left|\boldsymbol{a}(\tilde{\theta},r)^{\mathrm{H}}\boldsymbol{U}_{\mathrm{n}}\boldsymbol{U}_{\mathrm{n}}^{\mathrm{H}}\boldsymbol{a}(\tilde{\theta},r)\right|^{-1} \tag{2.30}$$

总结上述过程，得到基于二阶统计量的斜投影算法的实现步骤如表 2.1 所示。

表 2.1　斜投影算法实现步骤

输入：观测数据 $\boldsymbol{X}(t)$
输出：近场源位置参量(θ,r)，远场源位置参量 θ
具体步骤：
(1)根据公式(2.18)计算阵列观测数据的协方差矩阵 $\boldsymbol{R}$；
(2)应用公式(2.20)对 $\boldsymbol{R}$ 进行特征值分解，获得噪声子空间 $\boldsymbol{U}_{\mathrm{n}}$；
(3)利用公式(2.21)获得远场源方位角估计值；
(4)根据公式(2.17)计算斜投影矩阵 $\boldsymbol{E}_{\boldsymbol{A}_{\mathrm{F}}\boldsymbol{A}_{\mathrm{N}}}$；
(5)应用公式(2.19)分离远场源和近场源，获得近场源信息$\overline{\boldsymbol{X}}(t)$；
(6)依据公式(2.22)计算 $2N+1$ 个交叉对角线元素 $r_{n,2N+2-n}$；
(7)根据公式(2.23)构造列矢量 $\boldsymbol{y}$；
(8)应用公式(2.24)将 $\boldsymbol{y}$ 划分为 K 个子矢量；
(9)依据公式(2.27)计算仅包含近场方位角的统计量矩阵 $\boldsymbol{R}_{\mathrm{y}}$；
(10)应用公式(2.28)对 $\boldsymbol{R}_{\mathrm{y}}$ 进行特征值分解，(11)获得噪声子空间 $\boldsymbol{U}_{\boldsymbol{y},\mathrm{n}}$；
(12)利用公式(2.29)的角度搜索实现近场源方位角估计；
(13)根据公式(2.30)的距离搜索实现近场源距离估计。

2.5　性能分析

作为现有远近场混合源定位技术中两种代表性的研究成果，两步 MUSIC 算法和斜投影算法均探索了均匀线阵的对称特性，方位角和距离的估计也均以一维 MUSIC 谱峰搜索为实现手段，但二者相比又各具特色。本节将从阵列孔径损失、远近场混合源分离、估计错误问题、计算复杂度，以及定位参量估计精度五个方面对上述两种算法的性能进行对比分析。

1.阵列孔径损失

在估计远场源的方位角时,两步 MUSIC 算法构造了 $2N+1$ 维的四阶累积量矩阵,斜投影算法构造了同等维数的协方差矩阵,且该维数与传感器阵列的阵元数相同,即两种算法在定位远场源时均无阵列孔径损失;在定位近场源时,两步 MUSIC 算法构造了 $4N+1$ 维的四阶累积量矩阵,阵列孔径扩展了一倍;斜投影算法可构造最大维数为 $N+2$ 的统计量矩阵,阵列孔径损失了近一半,这使得两步 MUSIC 算法将具有较为理想的近场源定位参量分辨率和估计性能。

2.远近场混合源分离

在进行远近场混合源定位时,两步 MUSIC 算法同时估计出远场源和近场源的方位角信息,在此基础上将获得的角度信息代入二维 MUSIC 谱峰搜索实现近场源距离估计,因此,该算法并未考虑远场源和近场源的分离问题;斜投影算法通过一维 MUSIC 谱峰搜索获得远场源方位角信息后,引入斜投影技术去除阵列观测数据中的远场源部分,提取出相应的近场源信息,实现了远场源与近场源较为合理的分离。

3.估计错误问题

在远近场混合源定位模型中,远场源与近场源可能以相近甚至相同的方位角入射到传感器阵列。此时,两步 MUSIC 算法所构造的第一个累积量矩阵的方向矩阵将出现线性相关的列,导致其不再满足列满秩的条件,出现估计错误问题;在斜投影算法中,远场源与近场源通过斜投影技术实现了分离,因此,当二者具有相近甚至相同的方位角时,相应的方向矩阵依然满足列满秩条件,有效避免了估计错误问题。

4.计算复杂度

有关两种算法的计算复杂度,主要考虑统计量矩阵构建、特征值分解,以及一维谱峰搜索过程所需要的乘法次数。两步 MUSIC 算法构造了一个 $2N+1$维的四阶累积量矩阵 $\boldsymbol{C}_1$ 和一个 $4N+1$ 维的四阶累积量矩阵 $\boldsymbol{C}_2$,并对其进行特征值分解,实施一次 MUSIC 角度搜索及 M_1 次距离搜索,该算法所需要的乘法次数为

$$O(9(2N+1)^2T_s+9(4N+1)^2T_s+\frac{4}{3}(2N+1)^3$$

$$+M_1\frac{2D^2/\lambda-0.62(D^3/\lambda)^{0.5}}{c_r}(4N+1)^2$$

$$+\frac{4}{3}(4N+1)^3+\frac{180}{c_\theta}(2N+1)^2) \tag{2.31}$$

其中，T_s 为样本数；$D=2Nd$ 为阵列孔径；c_θ 和 c_r 分别为角度和距离的搜索步长。

斜投影算法构造了一个 $2N+1$ 维的协方差矩阵 $\boldsymbol{R}$，一个 $N+2$ 维的统计量矩阵 $\boldsymbol{R}_y$，并对其进行特征值分解，实施 MUSIC 角度搜索两次以及距离搜索 M_1 次，该算法所需要的乘法次数为

$$\begin{aligned} &O((2N+1)^2T_s+(N+2)^2N+\frac{4}{3}(2N+1)^3 \\ &+\frac{4}{3}(N+2)^3+\frac{180}{c_\theta}(2N+1)^2+\frac{180}{c_\theta}(N+2)^2 \\ &+M_1\frac{2D^2/\lambda-0.62(D^3/\lambda)^{0.5}}{c_r}(2N+1)^2) \end{aligned} \tag{2.32}$$

对比公式(2.31)和公式(2.32)可知，斜投影算法避免了高维累积量矩阵的构建和相应的特征值分解，仅在二阶统计量域就实现了远近场混合源的定位参量估计，具有较低的计算复杂度。

5.定位参量估计精度

在进行远场源定位时，两步 MUSIC 算法和斜投影算法均构造了相同维数的统计量矩阵，然而高阶累积量的累积方差在样本数一定时大于二阶统计量，故斜投影算法具有更高的远场源定位精度；在对近场源方位角进行估计时，两步 MUSIC 算法探索了阵列观测数据的全部信息，且无阵列孔径损失，斜投影算法仅探索了统计量矩阵的交叉对角线信息，且阵列孔径损失了一半，因此相应的定位精度将低于两步 MUSIC 算法；在估计近场源距离时，两步 MUSIC 算法将阵列孔径扩展了一倍，同时又具有较为理想的近场源方位角估计性能，因此该算法将具有更高的近场源距离估计精度。

2.6　习题

(1)对于远近场混合源模型，为什么阵元间距满足 $d\leqslant 0.25\lambda$？如果不满足这一条件会发生什么现象？请结合模型进行理论和仿真验证分析。

(2)对于远近场混合源模型，若多个信号彼此不相关，试基于算法原理对本章算法是否依然成立进行判断。若噪声为非白噪声(即色噪声)，算法是否

依然有效或在什么条件下有效?(注:可仿真验证)

(3)查阅文献资料说明正交投影与斜投影之间的关系。

(4)基于本章算法复杂度理论分析结果,尝试利用 Matlab 仿真进行定量测试验证。

参考文献

[1] CHEN J C,HUDSON R E,KUNG Y. Maximum likelihood source localization and unknown sensor location estimation for wideband signals in the near-field [J]. IEEE Transaction on Signal Processing,2002,50(8):1843-1854.

[2] STARER D,NEHORAI A. Passive localization of near-field sources by path following [J]. IEEE Transaction on Signal Processing,1997,42:677-680.

[3] GROSICAI E,ABED-MEIARM K,HUA Y. A weighted linear prediction method for near-field sources localization [J]. IEEE Transaction on Signal Processing,2005,53(3):3651-3660.

[4] 刘文忠. 近场源多维参数估计方法研究[D]. 西安:西安电子科技大学,2005.

[5] 吴云韬,侯朝焕,王荣,等. 一种基于高阶累积量的近场源距离、频率和方位联合估计算法[J]. 电子学报,2005,33(10):1893-1896.

[6] AKAIKE H. A new look at the statistical model identification [J]. IEEE Transactions on Automatic Control,1974,19(6):716-723.

[7] SCHWARTZ G. Estimation the dimension of a model [J]. The Annals of Statistics,1978,6(2):461-464.

[8] OTTERSTEN B,VIBERG M,STOICA P,et al. Radar array processing: exact and large sample ML techniques for parameter estimation and detection in array processing [M]. Springer Berlin Heidelberg,1993.

[9] BISHOP W B,DJURIC P M. Model order selection of damped sinusoids in noise by predictive densities [J]. IEEE Transaction on Signal Processing,1996,44(3):611-619.

[10] WU H T, YANG J, CHEN F K. Source number estimation usingtransformed Gerschgorin radii [J]. IEEE Transaction on Signal Processing, 1995, 43(6): 1325-1333.

[11] KAYALAR S, WEINERT H L. Oblique projection: formulas, algorithms and error bounds [J]. Math, Control and Signal System, 1989, 2(1): 33-45.

[12] BEHRENS R T, SCHARD L L. Signal processing applications of oblique projection operators [J]. IEEE Transacton on Signal Processing, 1994, 42(6): 1413-1423.

[13] MCCLOUD M L, SCHARF L L. A new subspace identification method for high resolution DOA estimation [J]. IEEE Transaction on Antennas and Propagation, 2002, 50(10): 1382-1390.

第3章 基于子空间差分的远近场源定位参量估计

3.1 远场子空间差分技术

远场子空间差分技术[1]的核心思想是在获得远场源方位角估计值的基础上，在相应的信号子空间重构不包含噪声分量的阵列协方差矩阵和远场协方差矩阵，以此为基础去除远场源分量，抑制背景噪声，提取出相应的近场源信息。

基于远近场混合源定位模型，阵列观测数据的协方差矩阵可计算为

$$\boldsymbol{R}=E\{\boldsymbol{X}(t)\boldsymbol{X}^{\mathrm{H}}(t)\}=\boldsymbol{A}_{\mathrm{F}}\boldsymbol{S}_{\mathrm{F}}\boldsymbol{A}_{\mathrm{F}}^{\mathrm{H}}+\boldsymbol{A}_{\mathrm{N}}\boldsymbol{S}_{\mathrm{N}}\boldsymbol{A}_{\mathrm{N}}^{\mathrm{H}}+\sigma^2\boldsymbol{I} \tag{3.1}$$

结合公式(3.1)和(2.20)可得

$$\boldsymbol{U}_{\mathrm{s}}(\boldsymbol{\Delta}_s-\sigma^2\boldsymbol{I}_{M\times M})\boldsymbol{U}_{\mathrm{s}}^{\mathrm{H}}=\boldsymbol{ASA}^{\mathrm{H}}=\boldsymbol{A}_{\mathrm{N}}\boldsymbol{S}_{\mathrm{N}}\boldsymbol{A}_{\mathrm{N}}^{\mathrm{H}}+\boldsymbol{A}_{\mathrm{F}}\boldsymbol{S}_{\mathrm{F}}\boldsymbol{A}_{\mathrm{F}}^{\mathrm{H}} \tag{3.2}$$

第 M_1+m 个远场源的信号功率满足

$$\sigma_{M_1+m}^2=\frac{1}{\boldsymbol{e}_{M_1+m}^{\mathrm{H}}\mathrm{diag}(1/\sigma_1^2,1/\sigma_2^2,\cdots,1/\sigma_M^2)\boldsymbol{e}_{M_1+m}} \tag{3.3}$$

其中，$\boldsymbol{e}_{M_1+m}$为$M\times M$维单位矩阵的第M_1+m列；σ_i^2，$i=1,2,\cdots,M$为所有远场源和近场源的信号功率。

在远近场混合源定位模型中，阵列方向矩阵满足列满秩条件，即不同信源的方向矢量线性无关，因此可得

$$\boldsymbol{A}^{\dagger}\boldsymbol{a}(\theta_{M_1+m})=\boldsymbol{e}_{M_1+m} \tag{3.4}$$

将公式(3.4)代入公式(3.3)可以得到

$$\sigma_{M_1+m}^2=\frac{1}{[\boldsymbol{A}^{\dagger}\boldsymbol{a}(\theta_{M_1+m})]^{\mathrm{H}}\boldsymbol{S}^{\dagger}\boldsymbol{A}^{\dagger}\boldsymbol{a}(\theta_{M_1+m})} \tag{3.5}$$

对于归一化的方向矢量$\boldsymbol{a}(\theta_{M_1+m})$，满足：

$$\boldsymbol{a}^{\mathrm{H}}(\theta_{M_1+m})=\boldsymbol{a}^{\dagger}(\theta_{M_1+m}) \tag{3.6}$$

将公式(3.6)代入公式(3.5)可得

$$\sigma_{M_1+m}^2 = \frac{1}{\boldsymbol{a}^{\mathrm{H}}(\theta_{M_1+m})(\boldsymbol{ASA}^{\mathrm{H}})^{\dagger}\boldsymbol{a}(\theta_{M_1+m})} \tag{3.7}$$

将公式(3.2)代入公式(3.7)可得

$$\sigma_{M_1+m}^2 = \frac{1}{\boldsymbol{a}^{\mathrm{H}}(\theta_{M_1+m})[\boldsymbol{U}_{\mathrm{s}}(\boldsymbol{\Delta}_{\mathrm{s}} - \sigma^2\boldsymbol{I}_{M\times M})\boldsymbol{U}_{\mathrm{s}}^{\mathrm{H}}]^{\dagger}\boldsymbol{a}(\theta_{M_1+m})} \tag{3.8}$$

则远场源协方差矩阵可计算为

$$\boldsymbol{R}_{\mathrm{F}} = \boldsymbol{A}_{\mathrm{F}}\mathrm{diag}(\sigma_{M_1+1}^2, \sigma_{M_1+2}^2, \cdots, \sigma_M^2)\boldsymbol{A}_{\mathrm{F}}^{\mathrm{H}} \tag{3.9}$$

通过实施远场子空间差分技术，可获得的近场源分量为

$$\boldsymbol{R}_{\mathrm{N}} = \boldsymbol{U}_{\mathrm{s}}(\boldsymbol{\Delta}_{\mathrm{s}} - \sigma^2\boldsymbol{I}_{M\times M})\boldsymbol{U}_{\mathrm{s}}^{\mathrm{H}} - \boldsymbol{R}_{\mathrm{F}} \tag{3.10}$$

分析公式(3.10)可知，重构的近场源协方差矩阵 $\boldsymbol{R}_N$ 将不再包含噪声分量，即远场子空间差分技术在提取近场源信息的同时，有效抑制了背景噪声。

3.2　子空间差分远近场混合源定位算法

依据上述远场子空间差分技术的基本原理，远场源和近场源可在相应的信号子空间实现分离，以此为基础在二阶统计量域探索出新的远近场混合源定位参量估计算法，既可避免估计错误问题，也可在一定程度上满足计算有效性的要求。

3.2.1　算法基本原理

通过 MUSIC 角度搜索获得远场源方位角的估计值，以此为基础在信号子空间重构无噪的阵列协方差矩阵及远场源协方差矩阵，引入远场子空间差分技术提取出近场源分量，探索均匀线阵的对称特性，通过 ESPRIT-Like 方法[2]求解近场源方位角估计值，并将其代入二维 MUSIC 谱峰搜索实现相应的距离估计。与斜投影算法相比，子空间差分算法可实现远近场混合源更为合理的分离，同时也可有效提升近场源方位角和距离的估计性能。

3.2.2　算法实现过程

对于远场源方位角估计，本章算法采用了与斜投影算法相同的实现过程，即通过公式(3.1)计算阵列观测数据的协方差矩阵 $\boldsymbol{R}$，应用公式(2.20)对 $\boldsymbol{R}$ 进

行特征值分解,获得相应的噪声子空间 $\boldsymbol{U}_{\mathrm{n}}$,则远场源的方位角估计值可由一维 MUSIC 谱峰搜索得到,如公式(2.21)所示。

为应用公式(3.8)估计出远场源信号功率,需要首先获得背景噪声功率 σ^2 的估计值。阵列协方差矩阵 $\boldsymbol{R}$ 的 $L-M$ 个小特征值完全来源于背景噪声,因此 σ^2 的最大似然估计为[3]

$$\tilde{\sigma}^2=\frac{\lambda_{M+1}+\lambda_{M+2}+\cdots+\lambda_L}{L-M} \tag{3.11}$$

其中,λ_{M+i},$i=1,2,\cdots,L-M$ 为 $\boldsymbol{R}$ 的小特征值。

将远场源方位角和噪声功率的估计值 $\tilde{\theta}$ 和 $\tilde{\sigma}^2$ 代入公式(3.8),可以得到远场源信号功率的估计值为

$$\tilde{o}^2_{M_1+m}=\frac{1}{\boldsymbol{a}^{\mathrm{H}}(\tilde{\theta}_{M_1+m})[\boldsymbol{U}_{\mathrm{s}}(\boldsymbol{\Delta}_{\mathrm{s}}-\tilde{\sigma}^2\boldsymbol{I}_{M\times M})\boldsymbol{U}_{\mathrm{s}}^{\mathrm{H}}]^{\dagger}\boldsymbol{a}(\tilde{\theta}_{M_1+m})} \tag{3.12}$$

以此为基础可获得远场源协方差矩阵的估计值为

$$\tilde{\boldsymbol{R}}_{\mathrm{F}}=\tilde{\boldsymbol{A}}_{\mathrm{F}}\mathrm{diag}(\tilde{o}^2_{M_1+1},\tilde{o}^2_{M_1+2},\cdots,\tilde{o}^2_{M})\tilde{\boldsymbol{A}}_{\mathrm{F}}^{\mathrm{H}} \tag{3.13}$$

其中,$\tilde{\boldsymbol{A}}_{\mathrm{F}}$ 为远场源方向矩阵 $\boldsymbol{A}_{\mathrm{F}}$ 的估计值。

应用远场子空间差分技术,可以得到近场源协方差矩阵的估计值为

$$\tilde{\boldsymbol{R}}_{\mathrm{N}}=\boldsymbol{U}_{\mathrm{s}}(\boldsymbol{\Delta}_{\mathrm{s}}-\tilde{\sigma}^2\boldsymbol{I}_{M\times M})\boldsymbol{U}_{\mathrm{s}}^{\mathrm{H}}-\tilde{\boldsymbol{R}}_{\mathrm{F}} \tag{3.14}$$

为了获得改进的近场源定位性能,我们探索均匀线阵的对称性及 ESPRIT-Like 求解方法。考虑到最小的孔径损失,对近场源方向矩阵 $\boldsymbol{A}_{\mathrm{N}}$ 按公式(3.15)进行分块处理:

$$\boldsymbol{A}_{\mathrm{N}}=\begin{bmatrix}\boldsymbol{A}_{\mathrm{N}_1}\\ \text{后}(L-2N)\text{行}\end{bmatrix}=\begin{bmatrix}\text{前}(L-2N)\text{行}\\ \boldsymbol{A}_{\mathrm{N}_2}\end{bmatrix} \tag{3.15}$$

其中

$$\boldsymbol{A}_{\mathrm{N}_1}=[\boldsymbol{a}_{\mathrm{N}_1}(\gamma_1,\varphi_1),\cdots,\boldsymbol{a}_{\mathrm{N}_1}(\gamma_{M_1},\varphi_{M_1})] \tag{3.16}$$

$$\boldsymbol{J}\boldsymbol{A}_{\mathrm{N}_2}=[\boldsymbol{D}(\gamma_1)\boldsymbol{a}_{\mathrm{N}_1}(\gamma_1,\varphi_1),\cdots,\boldsymbol{D}(\gamma_{M_1})\boldsymbol{a}_{\mathrm{N}_1}(\gamma_{M_1},\varphi_{M_1})] \tag{3.17}$$

其中 $\boldsymbol{J}$ 为 $2N\times 2N$ 维的交换矩阵,满足:

$$\boldsymbol{J}=\begin{pmatrix}0 & & & 1\\ & & 1 & \\ & \iddots & & \\ 1 & & & 0\end{pmatrix} \tag{3.18}$$

以及

$$\boldsymbol{a}_{\mathrm{N}_1}(\gamma_m,\varphi_m)=[\mathrm{e}^{\mathrm{j}(-N\gamma_m+N^2\varphi_m)},\cdots,1,\cdots,\mathrm{e}^{\mathrm{j}((N-1)\gamma_m+(N-1)^2\varphi_m)}]^{\mathrm{T}} \tag{3.19}$$

$$\boldsymbol{D}(\gamma_m)=\mathrm{diag}(\mathrm{e}^{\mathrm{j}2N\gamma_m},\mathrm{e}^{\mathrm{j}2(N-1)\gamma_m},\cdots,\mathrm{e}^{\mathrm{j}2(1-N)\gamma_m}) \tag{3.20}$$

对近场源协方差矩阵的估计值$\widetilde{\boldsymbol{R}}_{\mathrm{N}}$ 进行特征值分解，如公式(3.21)所示。

$$\widetilde{\boldsymbol{R}}_{\mathrm{N}}=\boldsymbol{G}_{\mathrm{s}}\boldsymbol{\Sigma}_{\mathrm{s}}\boldsymbol{G}_{\mathrm{s}}^{\mathrm{H}}+\boldsymbol{G}_{\mathrm{n}}\boldsymbol{\Sigma}_{\mathrm{n}}\boldsymbol{G}_{\mathrm{n}}^{\mathrm{H}} \tag{3.21}$$

其中，$\boldsymbol{G}_{\mathrm{s}}\in C^{L\times M_1}$ 为信号子空间；$\boldsymbol{\Sigma}_{\mathrm{s}}\in\mathbf{R}^{M_1\times M_1}$ 为由 M_1 个非零特征值组成的对角矩阵；$\boldsymbol{G}_{\mathrm{n}}\in C^{L\times(L-M_1)}$ 为噪声子空间；$\boldsymbol{\Sigma}_{\mathrm{n}}\in\mathbf{R}^{(L-M_1)\times(L-M_1)}$ 为由 $L-M_1$ 个零特征值组成的对角矩阵。

与公式(3.15)类似，可将信号子空间 $\boldsymbol{G}_{\mathrm{s}}$ 进行相同的分块处理，如公式(3.22)所示。

$$\boldsymbol{G}_{\mathrm{s}}=\begin{bmatrix}\boldsymbol{G}_{\mathrm{s}_1}\\ \text{后}(L-2N)\text{ 行}\end{bmatrix}=\begin{bmatrix}\text{前}(L-2N)\text{ 行}\\ \boldsymbol{G}_{\mathrm{s}_2}\end{bmatrix} \tag{3.22}$$

依据 ESPRIT-Like 方法的基本原理，构造仅包含近场源方位角的对角矩阵 $\boldsymbol{\Psi}(\gamma)$，如公式(3.23)所示。

$$\boldsymbol{\Psi}(\gamma)=\mathrm{diag}(\mathrm{e}^{\mathrm{j}2N\gamma},\mathrm{e}^{\mathrm{j}2(N-1)\gamma},\cdots,\mathrm{e}^{\mathrm{j}2(1-N)\gamma}) \tag{3.23}$$

依据阵列的旋转不变特性，当满足 $\boldsymbol{\Psi}(\gamma)=\boldsymbol{D}(\gamma_m)$时，矩阵 $\boldsymbol{J}\boldsymbol{G}_{\mathrm{s}_2}-\boldsymbol{\Psi}(\gamma)\boldsymbol{G}_{\mathrm{s}_1}$ 的第 m 列将为零。因此近场源方位角的估计值可通过公式(3.24)的谱峰搜索得到。

$$p(\widetilde{\theta})=[\det(\boldsymbol{W}^{\mathrm{H}}\boldsymbol{J}\boldsymbol{G}_{\mathrm{s}_2}-\boldsymbol{W}^{\mathrm{H}}\boldsymbol{\Psi}(\gamma)\boldsymbol{G}_{\mathrm{s}_1})]^{-1} \tag{3.24}$$

其中，$\boldsymbol{W}$ 为 $2N\times M_1$ 维的列满秩矩阵。

将近场源方位角的估计值 $\widetilde{\theta}$ 代入公式(3.25)，可获得相应的距离估计值为

$$f(\widetilde{r})=|\boldsymbol{a}(\widetilde{\theta},r)^{\mathrm{H}}\boldsymbol{G}_{\mathrm{n}}\boldsymbol{G}_{\mathrm{n}}^{\mathrm{H}}\boldsymbol{a}(\widetilde{\theta},r)|^{-1} \tag{3.25}$$

总结上述过程，得到基于子空间差分的远近场混合源定位参量估计算法的具体实现步骤如表 3.1 所示。

表 3.1　子空间差分算法实现步骤

输入：观测数据 $\boldsymbol{X}(t)$
输出：近场源位置参量(θ,r)，远场源位置参量 θ
具体步骤：
(1)根据公式(3.1)计算阵列观测数据的协方差矩阵 $\boldsymbol{R}$；
(2)应用公式(2.20)对 $\boldsymbol{R}$ 进行特征值分解，获得相应的噪声子空间 $\boldsymbol{U}_{\mathrm{n}}$；
(3)利用公式(2.21)获得远场源方位角估计值$\widetilde{\theta}$；

续表

(4)根据公式(3.11)计算噪声功率估计值$\widetilde{\sigma}^2$；
(5)依据公式(3.12)计算远场源功率估计值$\widetilde{\sigma}^2_{M_1+m}$；
(6)应用公式(3.13)得到远场源协方差矩阵估计值$\widetilde{\boldsymbol{R}}_F$；
(7)根据公式(3.14)分离远近场混合源，获得近场源协方差矩阵估计值$\widetilde{R}_N$；
(8)应用公式(3.21)对$\widetilde{\boldsymbol{R}}_N$进行特征值分解，获得相应的信号子空间$\boldsymbol{G}_s$和噪声子空间$\boldsymbol{G}_n$；
(9)依据公式(3.22)对信号子空间$\boldsymbol{G}_s$进行分块处理；
(10)依据公式(3.23)构造对角矩阵$\boldsymbol{\Psi}(\gamma)$；
(11)应用公式(3.24)的谱峰搜索估计近场源方位角；
(12)根据公式(3.25)获得近场源距离估计值。

3.2.3 算法性能分析

与斜投影算法类似，本节提出的子空间差分算法是基于思路Ⅱ的特征子空间类算法，即在实现远场源定位的基础上，通过有效的数学手段对远场源和近场源进行分离，以此为基础估计出近场源的方位角和距离，信源分离技术的引入有效避免了可能出现的估计错误问题。本节将从远近场混合源分离的合理性、近场源定位参量估计精度两个方面对上述两种算法进行对比分析。

1.远近场混合源分离的合理性

斜投影算法采用斜投影技术分离远场源和近场源，其关键是采用公式(2.19)提取近场源观测数据。分析该过程可知，斜投影技术去除了远场源分量，但背景噪声却被保留在所估计的近场源信息中，这将在一定程度上影响信源分离的合理性。子空间差分算法采用远场子空间差分技术实现远近场混合源的分离，其核心过程如公式(3.14)所示。分析该过程可知，子空间差分技术抑制了远场源分量，同时也去除了背景噪声的影响，即近场源协方差矩阵的估计值较为准确。因此，与斜投影算法相比，本章算法可获得更为理想的远近场混合源分离性能。

2.近场源定位参量估计精度

对于远场源方位角，两种算法均采用基于二阶统计量的MUSIC谱峰搜索，故具有相同的远场源定位性能。对于近场源方位角估计，斜投影算法仅利用了阵列协方差矩阵$\boldsymbol{R}$的交叉对角线信息，且阵列孔径损失了一半，这导致相应的估计精度较低；子空间差分算法探索了近场源协方差矩阵$\widetilde{\boldsymbol{R}}_{\mathrm{N}}$ 的全部信息，通过 ESPRIT-Like 方法估计近场源方位角，且阵列孔径基本无损失，这使得相应的估计性能得到了有效提升。对于近场源距离估计，斜投影算法基于阵列协方差矩阵 $\boldsymbol{R}$ 的噪声子空间 $\boldsymbol{U}_{\mathrm{n}}$，而子空间差分算法则利用了纯净的近场源协方差矩阵$\widetilde{\boldsymbol{R}}_{\mathrm{N}}$ 的噪声子空间 $\boldsymbol{G}_n$，且较为精确的近场源方位角估计值将有助于提升相应的距离估计精度，因此，与斜投影算法相比，本章算法可改进距离估计性能。

3.3　多项式求根远近场源改进定位算法

与斜投影算法类似，子空间差分算法的实施过程依然需要进行 M_1+2 次的一维 MUSIC 谱峰搜索，这增加了该算法的计算复杂度。为解决这一问题，本节探索多项式求根在远近场混合源定位中的应用方法，降低相应的计算复杂度，提出无须任何谱峰搜索的改进算法。

3.3.1　算法基本原理

基于对称均匀线阵，应用多项式求根代替一维 MUSIC 谱峰搜索过程，获得远场源方位角的闭式估计；对近场源的方向矩阵进行合理拆分，形成仅包含方位角的方向矢量，以及同时包含方位角和距离的对角矩阵，同样应用多项式代替近场源方向矢量，获得近场源方位角和距离的闭式估计值。在求解定位参量的过程中不涉及任何谱峰搜索，估计精度将不受搜索步长的影响。

3.3.2　算法实现过程

多项式求根算法在实现远近场混合源的分离，估计方位角和距离等主要过程与子空间差分算法是基本一致的，其主要不同是应用多项式求根代替传统的一维 MUSIC 谱峰搜索。在子空间差分算法中，远场源的方位角通过公式(2.33)估计得到。为避免这一搜索过程，我们假设 $z=\mathrm{e}^{\mathrm{j}\gamma}$，则远场源方向矢量可表示为

$$\boldsymbol{a}(z)=[z^{-N},z^{-N+1},\cdots,1,\cdots z^{N-1},z^{N}]^{\mathrm{T}} \tag{3.26}$$

将公式(3.26)代入公式(2.21)，可以得到谱峰搜索的多项式形式为

$$P(z)=\boldsymbol{a}^{\mathrm{T}}(1/z)\boldsymbol{U}_{\mathrm{n}}\boldsymbol{U}_{\mathrm{n}}^{\mathrm{H}}\boldsymbol{a}(z) \tag{3.27}$$

依据求根 MUSIC 方法[4]的基本原理,远场源方位角的估计值为 $M-M_1$ 个最接近单位圆的多项式的根。

在进行近场源方位角估计时,我们构造了一个如公式(3.23)所示的对角矩阵 $\boldsymbol{\Psi}(\gamma)$,假设 $\bar{z}=\mathrm{e}^{\mathrm{j}2\gamma}$,则其多项式形式为

$$\boldsymbol{\Psi}(\bar{z}) = \mathrm{diag}(\bar{z}^{N},\bar{z}^{N-1},\cdots,\bar{z}^{1-N}) \tag{3.28}$$

同理,将公式(3.28)代入公式(3.24)可得

$$f(\bar{z}) = \det(\boldsymbol{W}^{\mathrm{H}}\boldsymbol{J}\boldsymbol{G}_{\mathrm{s}_2} - \boldsymbol{W}^{\mathrm{H}}\boldsymbol{\Psi}(\bar{z})\boldsymbol{G}_{\mathrm{s}_1}) \tag{3.29}$$

因此,近场源的方位角的估计值为 M_1 个最接近单位圆的多项式的根。

基于远近场混合源定位模型,近场源的方向矩阵可拆分为两部分,即

$$\boldsymbol{a}(\gamma,\varphi) = \boldsymbol{D}_r(\varphi)\boldsymbol{b}(\gamma) \tag{3.30}$$

其中

$$\boldsymbol{D}_r(\varphi) = \mathrm{diag}(\mathrm{e}^{\mathrm{j}(-N)^2\varphi},\mathrm{e}^{\mathrm{j}(-N+1)^2\varphi},\cdots,\mathrm{e}^{\mathrm{j}(N-1)^2\varphi},\mathrm{e}^{\mathrm{j}N^2\varphi}) \tag{3.31}$$

$$\boldsymbol{b}(\gamma) = [\mathrm{e}^{\mathrm{j}(-N)\gamma},\mathrm{e}^{\mathrm{j}(-N+1)\gamma},\cdots,\mathrm{e}^{\mathrm{j}(N-1)\gamma},\mathrm{e}^{\mathrm{j}N\gamma}]^{\mathrm{T}} \tag{3.32}$$

假设 $\tilde{z}=\mathrm{e}^{\mathrm{j}\varphi}$,则有

$$\boldsymbol{D}_r(\tilde{z}) = \mathrm{diag}(\tilde{z}^{(-N)^2},\tilde{z}^{(-N+1)^2},\cdots,\tilde{z}^{(N-1)^2},\tilde{z}^{N^2}) \tag{3.33}$$

则公式(3.25)的多项式形式可表示为

$$p(\tilde{\gamma},\tilde{z}) = \boldsymbol{b}^{\mathrm{H}}(\tilde{\gamma})\boldsymbol{D}_r^{\mathrm{T}}(1/\tilde{z})\boldsymbol{G}_{\mathrm{n}}\boldsymbol{G}_{\mathrm{n}}^{\mathrm{H}}\boldsymbol{D}_r(\tilde{z})b(\tilde{\gamma}) \tag{3.34}$$

近场源的距离估计值可通过寻找 M_1 个最接近单位圆的多项式的根得到。

总结上述过程,得到基于多项式求根的改进算法的实现步骤如表 3.2 所示。

表 3.2 多项式求根算法实现步骤

输入:观测数据 $\boldsymbol{X}(t)$
输出:近场源位置参量(θ,r),远场源位置参量 θ
具体步骤:
(1)实施表 3.1 中的步骤(1)和步骤(2);
(2)利用公式(3.27)获得远场源方位角估计值$\tilde{\theta}$;
(3)实施表 3.1 中的步骤(4)至步骤(9);
(4)依据公式(3.28)构造对角矩阵 $\boldsymbol{\Psi}(\bar{z})$;
(5)应用公式(3.29)估计近场源方位角;
(6)根据公式(3.30)拆分近场源方向矢量;
(7)依据公式(3.33)构造对角矩阵 $\boldsymbol{D}_r(\tilde{z})$;
(8)应用公式(3.34)获得近场源距离估计值。

与斜投影算法相比，多项式求根算法在保证定位参量估计性能较为理想的前提下，有效降低了计算复杂度。其实施过程所涉及的乘法次数主要来源于阵列协方差矩阵构建、特征值分解和多项式求根，如公式(3.35)所示。

$$O((2N+1)^2T_s+\frac{8}{3}(2N+1)^3+(2N+1)(M-M_1)+2NM_1+M_1(2N+1)M) \tag{3.35}$$

3.4　习题

(1)分析说明为什么噪声方差可以通过式(3.11)进行计算。

(2)尝试分析为什么斜投影算法阵列孔径损失一半，而本章介绍的 ESPRIT-Like 方法基本无阵列孔径损失。

(3)基于本章所学内容及研究生应用随机课程相关知识，说明为什么阵列协方差矩阵可以通过样本统计量进行替代估计。

(4)对本章基于子空间差分的远近场源定位参量估计算法和上一章的斜投影算法在计算复杂度/算法运行时间方面进行 Matlab 仿真对比分析。

参考文献

[1] LIU G, SUN X. Efficient method of passive localization for mixed far-field and near-field sources [J]. IEEE Antennas and Wireless Propagation Letters, 2013, 12: 902-905.

[2] ZHI W, CHIA M Y W. Near-field source localization via symmetric subarrays [J]. IEEE Signal Processing Letters, 2007, 14(6): 409-412.

[3] YIN J, CHEN T. Direction-of-arrival estimation using a sparse reconstruction of covariance vectors [J]. IEEE Transaction on Acoustics, Speech and Signal Processing, 2011, 50(9): 4490-4493.

[4] RAO B D, HARI K V S. Performance analysis of Root-Music [J]. IEEE Transaction on Acoustics, Speech and Signal Processing, 1989, 37(12): 1939-1949.

第4章 基于协方差差分的远近场源定位参量估计

斜投影算法、第3章提出的子空间差分算法，以及多项式求根算法均是基于思路Ⅱ的特征子空间类算法。上述算法在定位远近场混合源时，通过引入合理的数学手段分离远场源和近场源，避免了因角度模糊引起的估计错误问题。然而，无论是斜投影技术，还是远场子空间差分技术，其实施均依赖于远场源方位角的估计值。当远场源的定位精度不尽理想时，斜投影矩阵的估计值将存在较大偏差，这使得分离出的近场源观测数据不够精确；同样地，由子空间差分得到的近场源协方差矩阵也将存在较大估计误差。因此，基于远场源方位角信息的斜投影技术和子空间差分技术的实施都将引入额外的估计偏差，降低了相应算法对近场源的定位参量估计性能。

对于远场源而言，其观测数据的阵列协方差矩阵既满足 Hermitian 结构，同时也满足 Toeplitz 特性；但是对于近场源，其阵列协方差矩阵仅满足 Hermitian 结构。基于上述协方差矩阵存在的特征结构差异性，本章研究应用协方差矩阵差分技术分离远场源和近场源，分析近场差分矩阵的特征值和特征向量特性，提出基于协方差矩阵差分的远近场混合源定位参量估计新算法。协方差矩阵差分技术的实施仅与矩阵本身的特征结构有关，不受任何定位参量估计性能的影响，因此可避免远近场混合源分离过程中引入的额外偏差。

此外，针对未知有色噪声背景下的远近场混合源定位问题，探索噪声协方差矩阵的对称 Toeplitz 结构，通过实施两次协方差矩阵差分技术抑制背景噪声，同时分离远场源和近场源，以此为基础提出复杂噪声背景下的远近场混合源定位参量估计新算法。

4.1 远近场源协方差矩阵特征结构

基于2.1介绍的远近场混合源定位模型，本节首先分析远场源和近场源的协方差矩阵所具有的共同特征结构，即 Hermitian 特性。其次证明二者所具有的不同特征结构，即远场源协方差矩阵满足 Toeplitz 特性，而近场源协方差矩阵则不具备该特性。本节内容将为应用协方差矩阵差分技术分离远场源和近场源提供理论依据。

4.1.1　远/近场源协方差矩阵的 Hermitian 结构

所谓 Hermitian 矩阵是指复方阵的对称单元互为共轭，即复方阵的共轭转置与其本身相等[1-2]。根据这一定义，若远场源和近场源的协方差矩阵均满足 Hermitian 结构，需要分别证明 $\boldsymbol{R}_{\mathrm{F}}(k,q)=\boldsymbol{R}_{\mathrm{F}}^{*}(q,k)$，以及 $\boldsymbol{R}_{\mathrm{N}}(k,q)=\boldsymbol{R}_{\mathrm{N}}^{*}(q,k)$。

对于远场源定位模型，其阵列观测数据的协方差矩阵的第(k,q)个元素可计算为

$$\begin{aligned}
\boldsymbol{R}_{\mathrm{F}}(k,q) &= E\Big\{\Big(\sum_{m=1}^{M}s_m(t)\mathrm{e}^{\mathrm{j}(k-N-1)\gamma_m}\Big)\times\Big(\sum_{m=1}^{M}s_m(t)\mathrm{e}^{\mathrm{j}(q-N-1)\gamma_m}\Big)^{*}\Big\}\\
&=\frac{1}{T_{\mathrm{s}}}\sum_{t=1}^{T_{\mathrm{s}}}\Big(\Big(\sum_{m=1}^{M}s_m(t)\mathrm{e}^{\mathrm{j}(k-N-1)\gamma_m}\Big)\times\Big(\sum_{m=1}^{M}s_m(t)\mathrm{e}^{\mathrm{j}(q-N-1)\gamma_m}\Big)^{*}\Big)\\
&=\frac{1}{T_{\mathrm{s}}}\sum_{t=1}^{T_{\mathrm{s}}}\Big(\Big(\sum_{m=1}^{M}s_m(t)\mathrm{e}^{\mathrm{j}(k-N-1)\gamma_m}\Big)\times\Big(\sum_{m=1}^{M}s_m^{*}(t)\mathrm{e}^{-\mathrm{j}(q-N-1)\gamma_m}\Big)\Big)\\
&=\sum_{m=1}^{M}\frac{1}{T_{\mathrm{s}}}\sum_{t=1}^{T_{\mathrm{s}}}s_m(t)s_m^{*}(t)\mathrm{e}^{\mathrm{j}(k-q)\gamma_m}\\
&=\sum_{m=1}^{M}r_{\mathrm{F},m}\mathrm{e}^{\mathrm{j}(k-q)\gamma_m}
\end{aligned}\tag{4.1}$$

其中 $r_{\mathrm{F},m}$ 为第 m 个远场源的自相关，当信源信号的均值假设为零时，$r_{\mathrm{F},m}$ 为相应的远场源信号功率。

同理，$\boldsymbol{R}_{\mathrm{F}}(q,k)$可计算为

$$\begin{aligned}
\boldsymbol{R}_{\mathrm{F}}(q,k) &= E\Big\{\Big(\sum_{m=1}^{M}s_m(t)\mathrm{e}^{\mathrm{j}(q-N-1)\gamma_m}\Big)\times\Big(\sum_{m=1}^{M}s_m(t)\mathrm{e}^{\mathrm{j}(k-N-1)\gamma_m}\Big)^{*}\Big\}\\
&=\frac{1}{T_{\mathrm{s}}}\sum_{t=1}^{T_{\mathrm{s}}}\Big(\Big(\sum_{m=1}^{M}s_m(t)\mathrm{e}^{\mathrm{j}(q-N-1)\gamma_m}\Big)\times\Big(\sum_{m=1}^{M}s_m(t)\mathrm{e}^{\mathrm{j}(k-N-1)\gamma_m}\Big)^{*}\Big)\\
&=\frac{1}{T_{\mathrm{s}}}\sum_{t=1}^{T_{\mathrm{s}}}\Big(\Big(\sum_{m=1}^{M}s_m(t)\mathrm{e}^{\mathrm{j}(q-N-1)\gamma_m}\Big)\times\Big(\sum_{m=1}^{M}s_m^{*}(t)\mathrm{e}^{-\mathrm{j}(k-N-1)\gamma_m}\Big)\Big)
\end{aligned}$$

$$
\begin{aligned}
&= \sum_{m=1}^{M} \frac{1}{T_s} \sum_{t=1}^{T_s} s_m(t) s_m^*(t) e^{j(q-k)\gamma_m} \\
&= \sum_{m=1}^{M} r_{F,m} e^{j(q-k)\gamma_m}
\end{aligned} \tag{4.2}
$$

对公式(4.2)两边同时进行取共轭操作,可得

$$
\boldsymbol{R}_F^*(q,k) = \sum_{m=1}^{M} r_{F,m} e^{-j(q-k)\gamma_m} = \sum_{m=1}^{M} r_{F,m} e^{j(k-q)\gamma_m} \tag{4.3}
$$

对比公式(4.1)和公式(4.3),可知 $\boldsymbol{R}_F(k,q)=\boldsymbol{R}_F^*(q,k)$,即远场源协方差矩阵满足 Hermitian 结构。

对于近场源定位模型,其阵列观测数据的协方差矩阵的第(k,q)个元素可计算为

$$
\begin{aligned}
\boldsymbol{R}_N(k,q) &= E\left\{ \left(\sum_{m=1}^{M} s_m(t) e^{j[(k-N-1)\gamma_m + (k-N-1)^2 \varphi_m]} \right) \right. \\
&\quad \left. \times \left(\sum_{m=1}^{M} s_m(t) e^{j[(q-N-1)\gamma_m + (q-N-1)^2 \varphi_m]} \right)^* \right\} \\
&= \frac{1}{T_s} \sum_{t=1}^{T_s} \left(\left(\sum_{m=1}^{M} s_m(t) e^{j[(k-N-1)\gamma_m + (k-N-1)^2 \varphi_m]} \right) \right. \\
&\quad \left. \times \left(\sum_{m=1}^{M} s_m(t) e^{j[(q-N-1)\gamma_m + (q-N-1)^2 \varphi_m]} \right)^* \right) \\
&= \frac{1}{T_s} \sum_{t=1}^{T_s} \left(\left(\sum_{m=1}^{M} s_m(t) e^{j[(k-N-1)\gamma_m + (k-N-1)^2 \varphi_m]} \right) \right. \\
&\quad \left. \times \left(\sum_{m=1}^{M} s_m^*(t) e^{-j[(q-N-1)\gamma_m + (q-N-1)^2 \varphi_m]} \right) \right) \\
&= \sum_{m=1}^{M} \frac{1}{T_s} \sum_{t=1}^{T_s} s_m(t) s_m^*(t) e^{j[(k-q)\gamma_m + (k^2-q^2)\theta_m - 2(N+1)(k-q)\theta_m]} \\
&= \sum_{m=1}^{M} r_{N,m} e^{j[(k-q)\gamma_m + (k^2-q^2)\theta_m - 2(N+1)(k-q)\theta_m]}
\end{aligned} \tag{4.4}
$$

其中 $r_{N,m}$ 为第 m 个近场源的自相关,当信源信号的均值假设为零时,$r_{N,m}$ 为相应的近场源信号功率。

同理,$\boldsymbol{R}_N(q,k)$可计算为

$$
\begin{aligned}
\boldsymbol{R}_{\mathrm{N}}(q,k) &= E\left\{ \left(\sum_{m=1}^{M} s_m(t) \mathrm{e}^{\mathrm{j}[(q-N-1)\gamma_m + (q-N-1)^2 \varphi_m]} \right) \right. \\
&\quad \left. \times \left(\sum_{m=1}^{M} s_m(t) \mathrm{e}^{\mathrm{j}[(k-N-1)\gamma_m + (k-N-1)^2 \varphi_m]} \right)^* \right\} \\
&= \frac{1}{T_{\mathrm{s}}} \sum_{t=1}^{T_{\mathrm{s}}} \left(\left(\sum_{m=1}^{M} s_m(t) \mathrm{e}^{\mathrm{j}[(q-N-1)\gamma_m + (q-N-1)^2 \varphi_m]} \right) \right. \\
&\quad \left. \times \left(\sum_{m=1}^{M} s_m(t) \mathrm{e}^{\mathrm{j}[(k-N-1)\gamma_m + (k-N-1)^2 \varphi_m]} \right)^* \right) \\
&= \frac{1}{T_{\mathrm{s}}} \sum_{t=1}^{T_{\mathrm{s}}} \left(\left(\sum_{m=1}^{M} s_m(t) \mathrm{e}^{\mathrm{j}[(q-N-1)\gamma_m + (q-N-1)^2 \varphi_m]} \right) \right. \\
&\quad \left. \times \left(\sum_{m=1}^{M} s_m^*(t) \mathrm{e}^{-\mathrm{j}[(k-N-1)\gamma_m + (k-N-1)^2 \varphi_m]} \right) \right) \\
&= \sum_{m=1}^{M} \frac{1}{T_{\mathrm{s}}} \sum_{t=1}^{T_{\mathrm{s}}} s_m(t) s_m^*(t) \mathrm{e}^{\mathrm{j}[(q-k)\gamma_m + (q^2-k^2)\theta_m - 2(N+1)(q-k)\theta_m]} \\
&= \sum_{m=1}^{M} r_{\mathrm{N},m} \mathrm{e}^{\mathrm{j}[(q-k)\gamma_m + (q^2-k^2)\theta_m - 2(N+1)(q-k)\theta_m]}
\end{aligned} \tag{4.5}
$$

对公式(4.5)两边同时取共轭可得

$$
\begin{aligned}
\boldsymbol{R}_{\mathrm{N}}^*(q,k) &= \sum_{m=1}^{M} r_{\mathrm{N},m} \mathrm{e}^{-\mathrm{j}[(q-k)\gamma_m + (q^2-k^2)\theta_m - 2(N+1)(q-k)\theta_m]} \\
&= \sum_{m=1}^{M} r_{\mathrm{N},m} \mathrm{e}^{\mathrm{j}[(k-q)\gamma_m + (k-q)\theta_m - 2(N+1)(k-q)\theta_m]}
\end{aligned} \tag{4.6}
$$

对比公式(4.4)和公式(4.6)，可知 $\boldsymbol{R}_{\mathrm{N}}(k,q)=\boldsymbol{R}_{\mathrm{N}}^*(q,k)$，即近场源协方差矩阵也满足 Hermitian 结构。

4.1.2　远场源协方差矩阵的 Toeplitz 结构

Toeplitz 矩阵的定义为主对角线元素相等，且任何一条平行于主对角线的副对角线元素均相等。若远场源的协方差矩阵满足 Toeplitz 特性，则应证明主对角线元素满足 $\boldsymbol{R}_{\mathrm{F}}(k,k)=\boldsymbol{R}_{\mathrm{F}}(k+1,k+1)$，同时还应证明其副对角线元素满足 $\boldsymbol{R}_{\mathrm{F}}(k,q)=\boldsymbol{R}_{\mathrm{F}}(k+1,q+1)$。

Hermitian 矩阵的一个主要特性是主对角线元素相等。在上一节中我们已经证明了远场源的协方差矩阵具有 Hermitian 结构，因此可直接得到 $\boldsymbol{R}_{\mathrm{F}}(k,k)=$

$\boldsymbol{R}_{\mathrm{F}}(k+1,k+1)$。依据远场源协方差矩阵的计算方法,$\boldsymbol{R}_{\mathrm{F}}(k,q)$ 可由公式(4.1)计算得到,$\boldsymbol{R}_{\mathrm{F}}(k+1,q+1)$ 可计算为

$$\begin{aligned}
&\boldsymbol{R}_{\mathrm{F}}(k+1,q+1)\\
&=E\left\{\left(\sum_{m=1}^{M}s_m(t)\mathrm{e}^{\mathrm{j}(k-N)\gamma_m}\right)\times\left(\sum_{m=1}^{M}s_m(t)\mathrm{e}^{\mathrm{j}(q-N)\gamma_m}\right)^*\right\}\\
&=\frac{1}{T_{\mathrm{s}}}\sum_{t=1}^{T_{\mathrm{s}}}\left(\left(\sum_{m=1}^{M}s_m(t)\mathrm{e}^{\mathrm{j}(k-N)\gamma_m}\right)\times\left(\sum_{m=1}^{M}s_m(t)\mathrm{e}^{\mathrm{j}(q-N)\gamma_m}\right)^*\right)\\
&=\frac{1}{T_{\mathrm{s}}}\sum_{t=1}^{T_{\mathrm{s}}}\left(\left(\sum_{m=1}^{M}s_m(t)\mathrm{e}^{\mathrm{j}(k-N)\gamma_m}\right)\times\left(\sum_{m=1}^{M}s_m^*(t)\mathrm{e}^{-\mathrm{j}(q-N)\gamma_m}\right)\right)\\
&=\sum_{m=1}^{M}\frac{1}{T_{\mathrm{s}}}\sum_{t=1}^{T_{\mathrm{s}}}s_m(t)s_m^*(t)\mathrm{e}^{\mathrm{j}(k-q)\gamma_m}\\
&=\sum_{m=1}^{M}r_{\mathrm{F},m}\mathrm{e}^{\mathrm{j}(k-q)\gamma_m}
\end{aligned}\tag{4.7}$$

对比公式(4.1)和公式(4.7),可知 $\boldsymbol{R}_{\mathrm{F}}(k,q)=\boldsymbol{R}_{\mathrm{F}}(k+1,q+1)$,即远场源协方差矩阵满足 Toeplitz 结构。

近场源协方差矩阵也满足 Hermitian 结构,因此可直接得到 $\boldsymbol{R}_{\mathrm{N}}(k,k)=\boldsymbol{R}_{\mathrm{N}}(k+1,k+1)$。副对角线元素 $\boldsymbol{R}_{\mathrm{N}}(k,q)$ 可由公式(4.4)计算得到,而 $\boldsymbol{R}_{\mathrm{N}}(k+1,q+1)$ 可计算为

$$\begin{aligned}
&\boldsymbol{R}_{\mathrm{N}}(k+1,q+1)\\
&=E\left\{\left(\sum_{m=1}^{M}s_m(t)\mathrm{e}^{\mathrm{j}[(k-N)\gamma_m+(k-N)^2\varphi_m]}\right)\times\left(\sum_{m=1}^{M}s_m(t)\mathrm{e}^{\mathrm{j}[(q-N)\gamma_m+(q-N)^2\varphi_m]}\right)^*\right\}\\
&=\frac{1}{T_{\mathrm{s}}}\sum_{t=1}^{T_{\mathrm{s}}}\left(\left(\sum_{m=1}^{M}s_m(t)\mathrm{e}^{\mathrm{j}[(k-N)\gamma_m+(k-N)^2\varphi_m]}\right)\times\left(\sum_{m=1}^{M}s_m(t)\mathrm{e}^{\mathrm{j}[(q-N)\gamma_m+(q-N)^2\varphi_m]}\right)^*\right)\\
&=\frac{1}{T_{\mathrm{s}}}\sum_{t=1}^{T_{\mathrm{s}}}\left(\left(\sum_{m=1}^{M}s_m(t)\mathrm{e}^{\mathrm{j}[(k-N)\gamma_m+(k-N)^2\varphi_m]}\right)\times\left(\sum_{m=1}^{M}s_m^*(t)\mathrm{e}^{-\mathrm{j}[(q-N)\gamma_m+(q-N)^2\varphi_m]}\right)\right)\\
&=\sum_{m=1}^{M}\frac{1}{T_{\mathrm{s}}}\sum_{t=1}^{T_{\mathrm{s}}}s_m(t)s_m^*(t)\mathrm{e}^{\mathrm{j}[(k-q)\gamma_m+(k^2-q^2)\theta_m-2N(k-q)\theta_m]}\\
&=\sum_{m=1}^{M}r_{\mathrm{N},m}\mathrm{e}^{\mathrm{j}[(k-q)\gamma_m+(k^2-q^2)\theta_m-2N(k-q)\theta_m]}
\end{aligned}\tag{4.8}$$

对比公式(4.4)和公式(4.8),可知 $\boldsymbol{R}_{\mathrm{N}}(k,q)\neq\boldsymbol{R}_{\mathrm{N}}(k+1,q+1)$,即近场源协方

差矩阵不具备 Toeplitz 特性。

4.2　协方差矩阵差分技术

协方差矩阵差分技术[3]最早是由 Paulra 等人提出的，其主要作用是抑制远场源定位中的背景噪声，即对传感器输出数据进行两次观测，并假设在这两次观测过程中信号部分的协方差矩阵发生变化，而背景噪声的协方差矩阵则保持不变，以此为基础获得仅包含远场源分量的差分矩阵。为了避免实施两次观测过程，Prasd 等人将该技术进一步发展，提出了相应的改进形式。改进的协方差矩阵差分技术的本质是依据背景噪声协方差矩阵具有的某些特殊结构，应用传感器阵列旋转或适当的线性变换等手段，使得噪声协方差矩阵保持不变，同时远场源协方差矩阵发生一定的变化，在此基础上将原始协方差矩阵与变换后的协方差矩阵进行差分，获得仅包含目标信号信息的纯净分量[4-7]。下面以均匀线阵下的远场源定位模型为基础，具体阐述协方差矩阵差分技术的实施过程。

考虑由 L 个传感器组成的均匀线阵，其结构如图 4.1 所示。K 个窄带平稳信号从远场入射到该阵列，则观测数据可表示为

$$\boldsymbol{Y}(t)=\boldsymbol{A}_Y\boldsymbol{S}_Y(t)+\boldsymbol{N}_Y(t) \tag{4.9}$$

其中，$\boldsymbol{A}_Y$ 为远场源方向矩阵；$\boldsymbol{S}_Y(t)$ 为目标信号；$\boldsymbol{N}_Y(t)$ 为协方差矩阵未知的有色背景噪声。

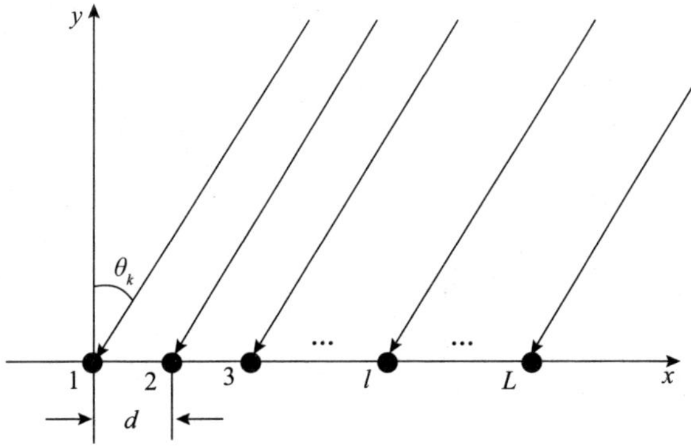

图 4.1　基于均匀线阵的远场源定位模型

基于公式(4.9)，观测数据 $\boldsymbol{Y}(t)$ 的协方差矩阵可计算为

$$\boldsymbol{R}_Y = \boldsymbol{A}_Y \boldsymbol{R}_{Y,s} \boldsymbol{A}_F^H + \boldsymbol{Q}_n = \boldsymbol{R}_s + \boldsymbol{Q}_n \tag{4.10}$$

其中，$\boldsymbol{Q}_n$ 为未知的背景噪声协方差矩阵。

假设对 $\boldsymbol{R}_Y$ 实施某种线性变换，如公式(4.11)所示。

$$L(\boldsymbol{R}_Y) = L(\boldsymbol{A}_Y \boldsymbol{R}_{Y,s} \boldsymbol{A}_F^H) + L(\boldsymbol{Q}_n) = L(\boldsymbol{R}_s) + \boldsymbol{Q}_n \tag{4.11}$$

对公式(4.10)和(4.11)进行协方差矩阵差分，可得

$$\boldsymbol{R}_Y - L(\boldsymbol{R}_Y) = \boldsymbol{R}_s + \boldsymbol{Q}_n - L(\boldsymbol{R}_s) - \boldsymbol{Q}_n = \boldsymbol{R}_s - L(\boldsymbol{R}_s) \tag{4.12}$$

由公式(4.12)可知，协方差矩阵差分技术的实施抑制了未知有色背景噪声的影响，提取了较为纯净的远场源分量。

4.3 协方差矩阵差分的远近场源定位算法

如第4.1节所述，远场源协方差矩阵同时满足 Hermitain 结构和 Toeplitz 结构，而近场源协方差矩阵仅满足 Hermitian 特性，基于这种特征结构的差异性，本节研究将协方差矩阵差分技术引入到远近场混合源定位中，用以实现远场源和近场源的合理分离，同时探索出基于近场差分矩阵的 ESPRIT-Like 方法估计相应的定位参量，从理论上分析本章介绍的协方差矩阵差分算法的定位性能，并通过仿真实验进行对比验证。

4.3.1 协方差差分算法基本原理

在通过一维 MUSIC 谱峰搜索获得远场源方位角估计值的基础上，探索远场源和近场源协方差矩阵的特征结构差异，采用协方差矩阵差分技术去除远场源部分和背景噪声，提取出纯净的近场源分量，同时充分应用均匀线阵的对称特性实现无须二维搜索的近场源方位角和距离的联合估计。与斜投影算法相比，本章介绍的协方差矩阵差分算法可实现更为合理的远场源和近场源的分离，避免分离过程中产生的额外偏差，提高近场源的定位参量估计性能。

4.3.2 协方差差分算法实现过程

与斜投影算法相同，本节所介绍的算法在定位远场源时也采用了一维 MUSIC 谱峰搜索，即依据公式(2.18)计算阵列观测数据的协方差矩阵 $\boldsymbol{R}$，应用公式(2.20)对其进行特征值分解，获得相应的噪声子空间 $\boldsymbol{U}_n$，依据公式(2.21)获得远场源方位角的估计值。

观察公式(2.18)可知,基于远近场混合源定位模型的阵列协方差矩阵 $\boldsymbol{R}$ 由三部分组成,分别是远场源协方差矩阵 $\boldsymbol{R}_{\mathrm{F}}$、近场源协方差矩阵 $\boldsymbol{R}_{\mathrm{N}}$,以及背景噪声协方差矩阵 $\boldsymbol{\sigma}^2\boldsymbol{I}$。$\boldsymbol{R}_{\mathrm{F}}$ 和 $\boldsymbol{\sigma}^2\boldsymbol{I}$ 均具有 Toeplitz 结构,满足

$$(\boldsymbol{R}_{\mathrm{F}}+\boldsymbol{\sigma}^2\boldsymbol{I})=\boldsymbol{J}(\boldsymbol{R}_{\mathrm{F}}+\boldsymbol{\sigma}^2\boldsymbol{I})^{\mathrm{T}}\boldsymbol{J} \tag{4.13}$$

其中,$\boldsymbol{J}$ 为$(2N+1)\times(2N+1)$维交换矩阵。

应用协方差矩阵差分技术可得

$$\begin{aligned}\boldsymbol{R}_{\mathrm{D}}&=\boldsymbol{R}-\boldsymbol{J}\boldsymbol{R}^{\mathrm{T}}\boldsymbol{J}=\boldsymbol{R}_{\mathrm{F}}+\boldsymbol{R}_{\mathrm{N}}+\boldsymbol{\sigma}^2\boldsymbol{I}-\boldsymbol{J}(\boldsymbol{R}_{\mathrm{F}}+\boldsymbol{R}_{\mathrm{N}}+\boldsymbol{\sigma}^2\boldsymbol{I})^{\mathrm{T}}\boldsymbol{J}\\&=\boldsymbol{R}_{\mathrm{N}}-\boldsymbol{J}\boldsymbol{R}_{\mathrm{N}}^{\mathrm{T}}\boldsymbol{J}+\boldsymbol{R}_{\mathrm{F}}+\boldsymbol{\sigma}^2\boldsymbol{I}-\boldsymbol{J}(\boldsymbol{R}_{\mathrm{F}}+\boldsymbol{\sigma}^2\boldsymbol{I})^{\mathrm{T}}\boldsymbol{J}\end{aligned} \tag{4.14}$$

将公式(4.13)代入公式(4.14)可得

$$\boldsymbol{R}_{\mathrm{D}}=\boldsymbol{R}_{\mathrm{N}}-\boldsymbol{J}\boldsymbol{R}_{\mathrm{N}}^{\mathrm{T}}\boldsymbol{J} \tag{4.15}$$

近场源协方差矩阵 $\boldsymbol{R}_{\mathrm{N}}$ 满足 Hermitian 结构,可得 $\boldsymbol{R}_{\mathrm{N}}^{\mathrm{T}}=\boldsymbol{R}_{\mathrm{N}}^{*}$。将这一特性应用于公式(4.15)有

$$\boldsymbol{R}_{\mathrm{D}}=\boldsymbol{R}_{\mathrm{N}}-\boldsymbol{J}\boldsymbol{R}_{\mathrm{N}}^{*}\boldsymbol{J} \tag{4.16}$$

将 $\boldsymbol{R}_{\mathrm{N}}=\boldsymbol{A}_{\mathrm{N}}\boldsymbol{S}_{\mathrm{N}}\boldsymbol{A}_{\mathrm{N}}^{\mathrm{H}}$ 代入公式(4.16),则近场差分矩阵可表示为

$$\begin{aligned}\boldsymbol{R}_{\mathrm{D}}&=[\boldsymbol{A}_{\mathrm{N}}\quad \boldsymbol{J}\boldsymbol{A}_{\mathrm{N}}^{*}]\begin{bmatrix}\boldsymbol{S}_{\mathrm{N}} & \\ & -\boldsymbol{S}_{\mathrm{N}}\end{bmatrix}[\boldsymbol{A}_{\mathrm{N}}\quad \boldsymbol{J}\boldsymbol{A}_{\mathrm{N}}^{*}]^{\mathrm{H}}\\&=\boldsymbol{A}_{\mathrm{D}}\mathrm{diag}(\boldsymbol{S}_{\mathrm{N}},-\boldsymbol{S}_{\mathrm{N}})\boldsymbol{A}_{\mathrm{D}}^{\mathrm{H}}\end{aligned} \tag{4.17}$$

其中,$\boldsymbol{A}_{\mathrm{D}}=[\boldsymbol{A}_{\mathrm{N}}\quad \boldsymbol{J}\boldsymbol{A}_{\mathrm{N}}^{*}]$为虚拟方向矩阵。

在应用近场差分矩阵 $\boldsymbol{R}_{\mathrm{D}}$ 估计近场源的方位角时,正确选择相应的信号子空间是关键。因此,我们首先证明 $\boldsymbol{R}_{\mathrm{D}}$ 的特征值和特征向量的相关特性。根据矩阵特征值和特征向量的定义可知

$$\boldsymbol{R}_{\mathrm{D}}\boldsymbol{u}=(\boldsymbol{R}_{\mathrm{N}}-\boldsymbol{J}\boldsymbol{R}_{\mathrm{N}}^{*}\boldsymbol{J})\boldsymbol{u}=\nu\boldsymbol{u} \tag{4.18}$$

其中 ν 为差分矩阵 $\boldsymbol{R}_{\mathrm{D}}$ 的特征值;$\boldsymbol{u}$ 为与 ν 相对应的特征向量。

基于交换矩阵特性 $\boldsymbol{J}\boldsymbol{J}=\boldsymbol{I}$,公式(4.18)可表示为

$$\boldsymbol{J}(\boldsymbol{J}\boldsymbol{R}_{\mathrm{N}}\boldsymbol{J}-\boldsymbol{R}_{\mathrm{N}}^{*})\boldsymbol{J}\boldsymbol{u}=\nu\boldsymbol{u} \tag{4.19}$$

将公式(4.19)两边同时左乘交换矩阵 $\boldsymbol{J}$ 可得

$$\boldsymbol{J}\boldsymbol{J}(\boldsymbol{J}\boldsymbol{R}_{\mathrm{N}}\boldsymbol{J}-\boldsymbol{R}_{\mathrm{N}}^{*})\boldsymbol{J}\boldsymbol{u}=(\boldsymbol{J}\boldsymbol{R}_{\mathrm{N}}\boldsymbol{J}-\boldsymbol{R}_{\mathrm{N}}^{*})\boldsymbol{J}\boldsymbol{u}=\nu\boldsymbol{J}\boldsymbol{u} \tag{4.20}$$

对公式(4.20)两边同时进行共轭操作可得

$$(\boldsymbol{J}\boldsymbol{R}_{\mathrm{N}}^{*}\boldsymbol{J}-\boldsymbol{R}_{\mathrm{N}})\boldsymbol{J}\boldsymbol{u}^{*}=\nu\boldsymbol{J}\boldsymbol{u}^{*} \tag{4.21}$$

进一步可将公式(4.21)变形为

$$(\boldsymbol{R}_{\mathrm{N}}-\boldsymbol{J}\boldsymbol{R}_{\mathrm{N}}^{*}\boldsymbol{J})\boldsymbol{J}\boldsymbol{u}^{*}=-\nu\boldsymbol{J}\boldsymbol{u}^{*} \tag{4.22}$$

分析公式(4.22)可知,近场源差分矩阵的特征值分布具有对称特性。即如果 ν 为差分矩阵 $\boldsymbol{R}_{\mathrm{D}}$ 的特征值,$\boldsymbol{u}$ 为与 ν 相对应的特征向量,那么 $-\nu$ 也是 $\boldsymbol{R}_{\mathrm{D}}$ 的一个特征值,且与之相对应的特征向量为 $\boldsymbol{J}\boldsymbol{u}^*$。因此,差分矩阵 $\boldsymbol{R}_{\mathrm{D}}$ 的信号子空间将由 $2M_1$ 个非零的特征值对应的特征向量组成,而噪声子空间则由 $L-2M_1$ 个零特征值对应的特征向量组成。

为实现近场源方位角估计,我们探索基于差分矩阵的 ESPRIT-Like 方法。该算法是基于信号子空间的近场源定位算法,要求差分矩阵 $\boldsymbol{R}_{\mathrm{D}}$ 的方向矩阵 $\boldsymbol{A}_{\mathrm{D}}$ 必须满足列满秩的条件。根据公式(4.17)可知,虚拟方向矩阵 $\boldsymbol{A}_{\mathrm{D}}$ 由 $\boldsymbol{A}_{\mathrm{N}}$ 和 $\boldsymbol{J}\boldsymbol{A}_{\mathrm{N}}^*$ 两部分组成,基于近场源定位模型,$\boldsymbol{A}_{\mathrm{N}}$ 和 $\boldsymbol{J}\boldsymbol{A}_{\mathrm{N}}^*$ 的第 m 列可分别表示为

$$\boldsymbol{a}(\gamma_m,\varphi_m)=[\mathrm{e}^{\mathrm{j}(-N\gamma_m+N^2\varphi_m)},\cdots,1,\cdots,\mathrm{e}^{\mathrm{j}(N\gamma_m+N^2\varphi_m)}]^{\mathrm{T}} \tag{4.23}$$

$$\boldsymbol{J}\boldsymbol{a}^*(\gamma_m,\varphi_m)=[\mathrm{e}^{\mathrm{j}(-N\gamma_m-N^2\varphi_m)},\cdots,1,\cdots,\mathrm{e}^{\mathrm{j}(N\gamma_m-N^2\varphi_m)}]^{\mathrm{T}} \tag{4.24}$$

分析公式(4.23)和公式(4.24)可知,$\varphi_m=0$ 将导致 $\boldsymbol{a}(\gamma_m,\varphi_m)$ 和 $\boldsymbol{J}\boldsymbol{a}^*(\gamma_m,\varphi_m)$ 线性相关。换言之,当 $\theta_m=\pm\pi/2$ 或 $r=\infty$ 时,$\boldsymbol{A}_{\mathrm{D}}$ 不再满足列满秩条件。由于第 m 个信源假设为近场源,其距离属于阵列孔径的菲涅尔区。综上所述,当 $\theta_m\neq\pm\pi/2$ 时,$\boldsymbol{A}_{\mathrm{D}}$ 总是满足列满秩条件的,此时可应用 ESPRIT-Like 方法估计出近场源的方位角。

对差分矩阵 $\boldsymbol{R}_{\mathrm{D}}$ 的方向矩阵 $\boldsymbol{A}_{\mathrm{D}}$ 按公式(4.25)进行分块处理:

$$\boldsymbol{A}_{\mathrm{D}}=\begin{bmatrix}\boldsymbol{A}_{\mathrm{D1}}\\ \text{后}(L-2N)\text{行}\end{bmatrix}=\begin{bmatrix}\text{前}(L-2N)\text{行}\\ \boldsymbol{A}_{\mathrm{D2}}\end{bmatrix} \tag{4.25}$$

其中,$\boldsymbol{A}_{\mathrm{D1}}$ 和 $\boldsymbol{A}_{\mathrm{D2}}$ 均为 $2N\times2M_1$ 维方向矩阵,分别满足:

$$\boldsymbol{A}_{\mathrm{D1}}=[\boldsymbol{a}_{\mathrm{D1}}(\gamma_1,\varphi_1),\cdots,\boldsymbol{J}\boldsymbol{a}_{\mathrm{D1}}^*(\gamma_{M1},\varphi_{M1})] \tag{4.26}$$

$$\boldsymbol{J}\boldsymbol{A}_{\mathrm{D2}}=[\boldsymbol{D}_{\mathrm{D}}(\gamma_1)\boldsymbol{a}_{N1}(\gamma_1,\varphi_1),\cdots,\boldsymbol{D}_{\mathrm{D}}(\gamma_{M1})\boldsymbol{J}\boldsymbol{a}_{N1}^*(\gamma_{M1},\varphi_{M1})] \tag{4.27}$$

其中

$$\boldsymbol{a}_{\mathrm{D1}}(\gamma_m,\varphi_m)=[\mathrm{e}^{\mathrm{j}(-N\gamma_m+N^2\varphi_m)},\cdots,1,\cdots,\mathrm{e}^{\mathrm{j}((N-1)\gamma_m+(N-1)^2\varphi_m)}]^{\mathrm{T}} \tag{4.28}$$

$$\boldsymbol{D}_{\mathrm{D}}(\gamma_m)=\mathrm{diag}(\mathrm{e}^{\mathrm{j}2N\gamma_m},\mathrm{e}^{\mathrm{j}2(N-1)\gamma_m},\cdots,\mathrm{e}^{\mathrm{j}2(1-N)\gamma_m}) \tag{4.29}$$

对近场源差分矩阵 $\boldsymbol{R}_{\mathrm{D}}$ 进行特征值分解,如公式(4.30)所示。

$$\boldsymbol{R}_{\mathrm{D}}=\boldsymbol{G}_{\mathrm{D,s}}\boldsymbol{\Sigma}_{\mathrm{D,s}}\boldsymbol{G}_{\mathrm{D,s}}^{\mathrm{H}}+\boldsymbol{G}_{\mathrm{D,n}}\boldsymbol{\Sigma}_{D,\mathrm{n}}\boldsymbol{G}_{\mathrm{D,n}}^{\mathrm{H}} \tag{4.30}$$

其中,$\boldsymbol{G}_{\mathrm{D,s}}\in C^{L\times2M_1}$ 为信号子空间;$\boldsymbol{\Sigma}_{\mathrm{D,s}}\in\mathbf{R}^{2M_1\times2M_1}$ 为由 $2M_1$ 个非零对称特征值组成的对角矩阵;$\boldsymbol{G}_{\mathrm{D,n}}\in C^{L\times(L-2M_1)}$ 为噪声子空间;$\Sigma_{\mathrm{D,n}}\in\mathbf{R}^{(L-2M_1)\times(L-2M_1)}$ 为由 $L-2M_1$ 个零特征值组成的对角矩阵。

与公式(4.25)类似，可将信号子空间 $\boldsymbol{G}_{\mathrm{D,s}}$ 进行相同的分块处理，如公式(4.31)所示。

$$\boldsymbol{G}_{\mathrm{D,s}}=\begin{bmatrix}\boldsymbol{G}_{\mathrm{D,s1}}\\ 后(L-2N)\text{ 行}\end{bmatrix}=\begin{bmatrix}前(L-2N)\text{ 行}\\ \boldsymbol{G}_{\mathrm{D,s2}}\end{bmatrix} \tag{4.31}$$

依据 ESPRIT-Like 方法的基本原理，构造仅包含近场源方位角的对角矩阵 $\boldsymbol{\Psi}_{\mathrm{D}}(\gamma)$，如公式(4.32)所示。

$$\boldsymbol{\Psi}_{\mathrm{D}}(\gamma)=\mathrm{diag}(\mathrm{e}^{\mathrm{j}2N\gamma},\mathrm{e}^{\mathrm{j}2(N-1)\gamma},\cdots,\mathrm{e}^{\mathrm{j}2(1-N)\gamma}) \tag{4.32}$$

依据对称均匀线阵的旋转不变特性，当满足 $\boldsymbol{\Psi}_{\mathrm{D}}(\gamma)=\boldsymbol{D}_{\mathrm{D}}(\gamma_m)$ 时，矩阵 $\boldsymbol{J}\boldsymbol{G}_{\mathrm{D,s2}}-\boldsymbol{\Psi}_{\mathrm{D}}(\gamma)\boldsymbol{G}_{\mathrm{D,s1}}$ 的第 m 列和第 M_1+m 列将均为零。因此近场源方位角的估计值为

$$p(\tilde{\theta})=[\det(\boldsymbol{W}_{\mathrm{D}}^{\mathrm{H}}\boldsymbol{J}\boldsymbol{G}_{\mathrm{D,s2}}-\boldsymbol{W}_{\mathrm{D}}^{\mathrm{H}}\boldsymbol{\Psi}_{\mathrm{D}}(\gamma)\boldsymbol{G}_{\mathrm{D,s1}})]^{-1} \tag{4.33}$$

其中，$\boldsymbol{W}$ 依然为 $2N\times 2M_1$ 维的列满秩矩阵。

有关近场源距离的估计，我们采用与斜投影算法相同的步骤，即将近场源方位角的估计值代入如公式(4.34)所示的二维搜索，实现近场源距离估计。

$$g(\tilde{r})=|\boldsymbol{a}(\tilde{\theta},r)^{\mathrm{H}}\boldsymbol{U}_{\mathrm{n}}\boldsymbol{U}_{\mathrm{n}}^{\mathrm{H}}\boldsymbol{a}(\tilde{\theta},r)|^{-1} \tag{4.34}$$

总结上述过程，得到基于协方差矩阵差分技术的远近场混合源定位参量估计算法的具体实施步骤，如表 4.1 所示。

表 4.1　协方差矩阵差分算法实现步骤

输入：观测数据 $\boldsymbol{X}(t)$
输出：近场源位置参量(θ,r)，远场源位置参量 θ
具体步骤：
(1)根据公式(2.18)计算阵列观测数据的协方差矩阵 $\boldsymbol{R}$；
(2)应用公式(2.20)对 $\boldsymbol{R}$ 进行特征值分解，获得噪声子空间 $\boldsymbol{U}_{\mathrm{n}}$；
(3)利用公式(2.21)获得远场源方位角估计值$\tilde{\theta}$；
(4)根据公式(4.17)分离远场源和近场源，得到差分矩阵 $\boldsymbol{R}_{\mathrm{D}}$；
(5)应用公式(4.30)对差分矩阵 $\boldsymbol{R}_{\mathrm{D}}$ 进行特征值分解，获得信号子空间 $\boldsymbol{G}_{\mathrm{D,s}}$；
(6)依据公式(4.31)对信号子空间 $\boldsymbol{G}_{\mathrm{s}}$ 进行分块处理；
(7)依据公式(4.32)构造对角矩阵 $\boldsymbol{\Psi}_{\mathrm{D}}(\gamma)$；
(8)应用公式(4.33)的角度搜索估计出近场源方位角；
(9)根据公式(4.34)的距离搜索获得近场源距离估计值。

4.3.3 协方差差分算法性能分析

协方差矩阵差分算法的基本思想与斜投影算法是一致的，即在实现远场源方位角估计的基础上，引入远近场混合源分离技术，合理地提取出近场源分量，并获得相应的近场源方位角和距离估计值，因此二者具有基本相同的计算复杂度。本节将从远近场混合源分离的合理性及定位参量估计精度两个方面对上述两种算法进行对比分析。

1. 远近场混合源分离的合理性

斜投影算法在分离远近场混合源时，是对阵列观测数据的直接操作。即在根据公式(2.17)估计出投影矩阵 $\boldsymbol{E}_{\boldsymbol{A}_\mathrm{F}\boldsymbol{A}_\mathrm{N}}$ 的基础上，应用公式(2.19)提取出近场源分量。$\boldsymbol{E}_{\boldsymbol{A}_\mathrm{F}\boldsymbol{A}_\mathrm{N}}$ 的估计值依赖于远场源方位角，这导致该算法对远近场混合源的分离效果将直接受到远场源方位角估计性能的影响。协方差矩阵差分算法在分离远场源和近场源时，是对阵列观测数据的协方差矩阵进行操作。协方差矩阵差分技术的实施仅依赖于远场源和近场源协方差矩阵特征结构的差异，其分离的合理性不受远场源方位角估计性能的影响。由公式(4.17)可以看出，差分矩阵 $\boldsymbol{R}_D$ 仅包含近场源分量。因此，与斜投影技术相比，协方差矩阵差分技术可以实现更为理想的远场源和近场源的分离。

2. 定位参量估计精度

对于远场源方位角，两种算法均采用基于二阶统计量的 MUSIC 谱峰搜索，故具有相同的估计性能。对于近场源方位角估计，斜投影算法仅探索了阵列协方差矩阵的交叉对角线信息，且阵列孔径损失了一半，导致估计精度较低；协方差矩阵差分算法的阵列孔径也损失了一半，但探索了近场差分矩阵的全部信息，通过 ESPRIT-Like 方法估计出近场源方位角。因此。该算法具有更为理想的近场源方位角估计性能。对于近场源距离估计，两种方法均将获得的方位角估计值代入二维 MUSIC 谱峰搜索，方位角的估计精度将影响相应的距离估计性能，理论上本章介绍的算法具有较高的距离估计精度。综上所述，与斜投影算法相比，协方差矩阵差分算法在保证远场源方位角估计精度相同的前提下，可实现更为精确的近场源方位角和距离估计。

4.4 习题

(1)分析说明当背景噪声为 Toeplitz 结构的色噪声时，本章介绍的混合源定位算法是否依然成立？请分析并仿真验证。

(2)协方差差分会导致虚拟的信号子空间扩展一倍，带来的影响是什么？请进行分析。

(3)查阅参考文献，对基于协方差差分技术进行阵列信号处理的应用进行分析和总结，并针对各种应用进行仿真结果再现。根据课程需要进行分组讨论。

参考文献

[1] 张贤达. 信号处理中的线性代数[M]. 北京：科学出版社，1997.

[2] LEE J H, LEE C M, LEE K K. Nonlinear triangulation range of near-field sources [J]. IEE Electronic Letters, 1998, 34(25): 2307-2308.

[3] PRADAD S, WILLIAMS R T, MAHALANARIS A K. A transform-based covariance differencingapproach for some classes of parameter estimation problems [J]. IEEE Transaction on Acoustics, Speech and Signal Processing, 1988, 36(5): 631-641.

[4] EBRABIM M, AL-ARDT. Computationally efficient DOA estimation in a multipath environment using covariance differencing and iterative spatial smoothing [C]. IEEE International Symposium on Circuits and System, 2005, 4: 3805-3808.

[5] NIZAR T, HYUNK M K. Transform covariance differencing method for correlated sources under unknown toeplitz noise [C]. IEEE Military Communications Conference, 2005, 1: 621-627.

[6] WANG J K, DU R Y, LIN F H. A new method based on the spatial differencing technique for DOAestimation [C]. IEEE International Conference on Networking, Sensing and Control, 2010, 10: 44-48.

[7] LIU F L, WANG J K, SUN C J. Spatial differencing method for DOA estimation under the coexistence of the uncorrelated and coherent signals [J]. IEEE Transaction on Antennas Propagation, 2012, 60(4): 2053-2062.

第5章　基于两步差分的远近场混合源定位参量估计

针对远场源和近场源具有相近甚至相同的方位角而引起的定位参量估计错误问题，第4章和第5章分别介绍了基于特征子空间差分和基于协方差矩阵差分的远近场混合源定位新算法，这两种算法的核心思想与斜投影算法是一致的，均可认为是基于思路Ⅱ的特征子空间类算法。此类算法估计远场源方位角的过程可归纳如下：基于远近场混合源定位模型的阵列观测数据，计算其协方差矩阵并进行特征值分解，在近场源存在的条件下，通过一维MUSIC谱峰搜索实现远场源方位角估计。

然而，在远场源和近场源共同存在的条件下，直接对阵列观测数据协方差矩阵进行特征值分解获得信号子空间和噪声子空间时，信号子空间将同时包含远场源部分和近场源部分。近场源的方向矢量是方位角和距离的函数，可以在数值上等效为仅包含方位角信息的虚拟远场源方向矢量。分析上述算法估计远场源方位角的过程可知，基于远近场混合源定位模型的一维MUSIC谱峰搜索除了会形成与真实远场源方位角相对应的谱峰外，也会在由近场源等效的虚拟远场源方位角位置出现谱峰。综上，基于思路Ⅱ的特征子空间类算法在定位远场源时会出现因近场源等效为虚拟远场源而引起的伪峰问题(详细阐述见第5.1节)。

为此，本章将分析形成上述伪峰问题的根本原因，研究通过协方差矩阵差分技术分离出近场源分量，应用近场子空间差分技术提取出远场源信息，并以此为基础引入基于两步矩阵差分思路的远近场混合源分离及定位算法。与基于思路Ⅱ的特征子空间类算法相比，两步矩阵差分算法在去除近场源分量的基础上实现远场源方位角估计，可有效避免一维MUSIC谱峰搜索产生的伪峰问题。

5.1　近场源等效为虚拟远场源存在的问题

基于图 2.1 所示的远近场混合源定位模型，远场源和近场源到第 n 个传感器的相位差分别为

$$-\omega_0 \tau_{\mathrm{F},n} = -2\pi n \frac{d}{\lambda} \sin \bar{\theta} \tag{5.1}$$

$$-\omega_0 \tau_{\mathrm{N},n} = -2\pi n \frac{d}{\lambda} \sin\theta + \pi n^2 \frac{d^2}{\lambda r} \cos^2\theta \tag{5.2}$$

根据文献[1]的理论推导，公式(5.2)中的方位角 θ 和距离 r 与公式(5.1)中的方位角$\bar{\theta}$满足：

$$\sin\theta = \sin \bar{\theta} + \frac{1}{2}(1 - \sin^2 \bar{\theta}) \frac{D}{r} \tag{5.3}$$

其中，D 为阵列孔径。

公式(5.3)表明在近场源存在的条件下，应用一维 MUSIC 谱峰搜索估计远场源方位角时，近场源可等效为方位角为$\bar{\theta}$的虚拟远场源，且该等效的虚拟远场源会在 MUSIC 谱峰搜索过程中产生与$\bar{\theta}$相对应的伪峰。此时，基于思路Ⅱ的特征子空间类算法将难以正确区分真实方位角和虚拟方位角，导致相应的定位性能明显下降甚至失效。

为了充分说明上述虚拟远场源的伪峰问题，我们通过仿真实验 1 进行验证。

仿真实验 1：对称均匀线阵由 9 个传感器组成，阵元间距为 0.2λ，两个等功率窄带平稳信源分别从远场和近场入射到该传感器阵列，其中远场源方位角为 $\theta_1 = 30°$，近场源方位角和距离为$(\theta_2, r_2) = (-60°, 3.0\lambda)$，背景噪声为均匀白复高斯随机过程，信噪比和采样点数分别为 10dB 和 500。图 5.1 展示了斜投影算法定位远场源时的一维 MUSIC 空间谱。分析该仿真结果可知，在远场源和近场源共同存在的条件下，近场源可等效为虚拟的远场源，使得一维 MUSIC 谱峰搜索确实会出现伪峰问题，这与前面的理论分析是完全吻合的。

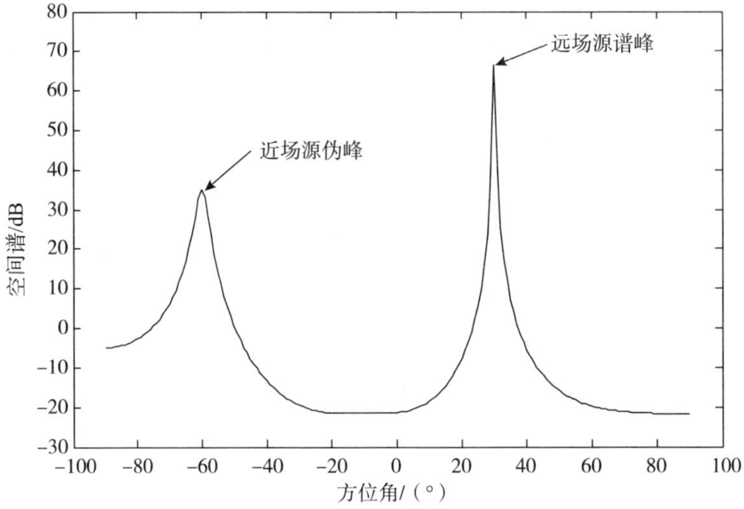

图 5.1　基于远近场混合源模型的 MUSIC 空间谱

5.2　近场子空间差分技术

与远场子空间差分技术[2]类似，近场子空间差分技术[3]的核心思想是指在获得近场源方位角和距离估计值的基础上，在相应的信号子空间重构不包含噪声的阵列协方差矩阵和近场协方差矩阵，从仅包含远场源和近场源成分的协方差矩阵中去除近场部分，获得远场源协方差矩阵的估计值。

基于图 2.1 所示的远近场混合定位模型，依据公式(3.1)计算阵列观测数据的协方差矩阵 $\boldsymbol{R}$。应用公式(2.20)对 $\boldsymbol{R}$ 进行特征值分解，获得由大特征值组成的对角矩阵 $\boldsymbol{\Delta}_{\mathrm{s}}$ 及相应的信号子空间 $\boldsymbol{U}_{\mathrm{s}}$。

基于公式(3.2)，第 m 个近场源的信号功率可表示为

$$\sigma_m^2 = \frac{1}{\boldsymbol{e}_m^{\mathrm{H}}\operatorname{diag}(1/\sigma_1^2, 1/\sigma_2^2, \cdots, 1/\sigma_M^2)\boldsymbol{e}_m} \tag{5.4}$$

其中，$\boldsymbol{e}_m$ 为 $M \times M$ 维单位矩阵的第 m 列；$\sigma_i^2, i=1,2,\cdots,M$ 依然为所有远场源和近场源的信号功率。

阵列方向矩阵 $\mathbf{A}$ 满足列满秩条件，即不同信源的方向矢量线性无关，因此有

$$\mathbf{A}^{\dagger}\boldsymbol{a}(\theta_m, r_m) = \boldsymbol{e}_m \tag{5.5}$$

将公式(5.5)代入公式(5.4)可以得到

$$\sigma_m^2 = \frac{1}{[\boldsymbol{A}^{\dagger}\boldsymbol{a}(\theta_m, r_m)]^{\mathrm{H}}\boldsymbol{S}^{\dagger}\boldsymbol{A}^{\dagger}\boldsymbol{a}(\theta_m, r_m)} \tag{5.6}$$

对于归一化的方向矢量 $\boldsymbol{a}(\theta_m, r_m)$，满足：

$$\boldsymbol{a}^{\mathrm{H}}(\theta_m, r_m) = \boldsymbol{a}^{\dagger}(\theta_m, r_m) \tag{5.7}$$

将公式(5.7)代入公式(5.6)可得

$$\sigma_m^2 = \frac{1}{\boldsymbol{a}^{\mathrm{H}}(\theta_m, r_m)(\boldsymbol{ASA}^{\mathrm{H}})^{\dagger}\boldsymbol{a}(\theta_m, r_m)} \tag{5.8}$$

将公式(4.3)代入公式(5.8)可进一步得到

$$o_m^2 = \frac{1}{\boldsymbol{a}^{\mathrm{H}}(\theta_m, r_m)[\boldsymbol{U}_{\mathrm{s}}(\boldsymbol{\Delta}_{\mathrm{s}} - \sigma^2\boldsymbol{I}_{M\times M})\boldsymbol{U}_{\mathrm{s}}^{\mathrm{H}}]^{\dagger}\boldsymbol{a}(\theta_m, r_m)} \tag{5.9}$$

近场源协方差矩阵的理论值为

$$\boldsymbol{R}_{\mathrm{N}} = \boldsymbol{A}_{\mathrm{N}}\mathrm{diag}(o_1^2, o_2^2, \cdots, o_{M_1}^2)\boldsymbol{A}_{\mathrm{N}}^{\mathrm{H}} \tag{5.10}$$

实施近场子空间差分技术，提取的远场源分量为

$$\boldsymbol{R}_{\mathrm{F}} = \boldsymbol{U}_{\mathrm{s}}(\boldsymbol{\Delta}_{\mathrm{s}} - \sigma^2\boldsymbol{I}_{M\times M})\boldsymbol{U}_{\mathrm{s}}^{\mathrm{H}} - \boldsymbol{R}_{\mathrm{N}} \tag{5.11}$$

分析公式(5.11)可知，重构的远场源协方差矩阵 $\boldsymbol{R}_{\mathrm{F}}$ 将不再包含近场源信息和噪声分量，即近场子空间差分技术在提取远场源分量的同时，可有效抑制背景噪声的影响。

5.3　两步差分的远近场源定位算法

针对基于思路Ⅱ的特征子空间类算法在估计远场源方位角时出现的伪峰问题，本节提出同时应用协方差矩阵差分和子空间差分的远近场混合源分离及定位参量估计新算法。下面从算法的基本原理、具体实现过程、性能对比分析，以及仿真验证四个方面对本章介绍的算法进行详细阐述。

5.3.1　两步差分算法基本原理

基于远场源和背景噪声协方差矩阵的 Toeplitz 结构，在二阶统计量域通过协方差矩阵差分技术去除远场源和噪声分量，获得仅包含近场源信息的差分矩阵，应用 ESPRIT-Like 方法实现近场源方位角和距离的联合估计；在此基础上探索子空间差分技术去除近场源和背景噪声部分，获得纯净的远场源协方差矩阵，采用一维 MUSIC 角度搜索实现相应的方位角估计。与基于思路Ⅱ的特征子空间类算法相比，本章提出的两步矩阵差分算法可有效避免伪

峰问题，实现远场源和近场源的理想分离。

5.3.2 两步差分算法实现过程

两步矩阵差分算法在实施第一次远近场混合源分离时，探索远场源和背景噪声协方差矩阵的 Toeplitz 特性，并采用协方差矩阵差分技术获得近场源分量。这一过程与第 4 章所介绍的协方差矩阵差分算法是基本相同的，即应用公式(4.17)获得近场差分矩阵 $\boldsymbol{R}_{\mathrm{D}}$，基于 ESPRIT-Like 的基本思想，分别利用公式(4.33)和公式(4.34)获得近场源方位角和距离的估计值$\tilde{\theta}$和$\tilde{r}$。

为实施近场子空间差分技术提取出远场分量，需要首先根据公式(5.9)估计出近场源信号功率。对于背景噪声功率 σ^2，依然可以采用公式(3.11)估计得到；对于第 m 个近场源方向矢量 $\boldsymbol{a}(\theta_m, r_m)$，可应用$\tilde{\theta}$和$\tilde{r}$进行估计。则第 m 个近场源信号功率的估计值为

$$\tilde{o}_m^2 = \frac{1}{\boldsymbol{a}^{\mathrm{H}}(\tilde{\theta}_m, \tilde{r}_m)[\boldsymbol{U}_{\mathrm{s}}(\boldsymbol{\Delta}_{\mathrm{s}} - \tilde{\sigma}^2 \boldsymbol{I}_{M\times M})\boldsymbol{U}_{\mathrm{s}}^{\mathrm{H}}]^{\dagger}\boldsymbol{a}(\tilde{\theta}_m, \tilde{r}_m)} \tag{5.12}$$

以此为基础可获得近场源协方差矩阵的估计值为

$$\tilde{\boldsymbol{R}}_{\mathrm{N}} = \tilde{\boldsymbol{A}}_{\mathrm{N}} \mathrm{diag}(\tilde{o}_1^2, \tilde{o}_2^2, \cdots, \tilde{o}_{M_1}^2)\, \tilde{\boldsymbol{A}}_{\mathrm{N}}^{\mathrm{H}} \tag{5.13}$$

其中，$\tilde{\boldsymbol{A}}_{\mathrm{N}}$ 为由$\tilde{\theta}$和$\tilde{r}$得到的近场源方向矩阵的估计值。

应用近场子空间差分技术，得到远场源协方差矩阵的估计值为

$$\tilde{\boldsymbol{R}}_{\mathrm{F}} = \boldsymbol{U}_{\mathrm{s}}(\boldsymbol{\Delta}_{\mathrm{s}} - \tilde{\sigma}^2 \boldsymbol{I}_{M\times M})\boldsymbol{U}_{\mathrm{s}}^{\mathrm{H}} - \tilde{\boldsymbol{R}}_{\mathrm{N}} \tag{5.14}$$

对$\tilde{\boldsymbol{R}}_{\mathrm{F}}$ 进行特征值分解，如公式(5.15)所示。

$$\tilde{\boldsymbol{R}}_{\mathrm{F}} = \boldsymbol{G}_{\mathrm{F,s}}\boldsymbol{\Sigma}_{\mathrm{F,s}}\boldsymbol{G}_{\mathrm{F,s}}^{\mathrm{H}} + \boldsymbol{G}_{\mathrm{F,n}}\boldsymbol{\Sigma}_{\mathrm{F,n}}\boldsymbol{G}_{\mathrm{F,n}}^{\mathrm{H}} \tag{5.15}$$

其中，$\boldsymbol{G}_{\mathrm{F,s}} \in C^{L\times(M-M_1)}$ 为信号子空间；$\boldsymbol{\Sigma}_{\mathrm{F,s}} \in \mathbf{R}^{(M-M_1)\times(M-M_1)}$ 为由 $M-M_1$ 个非零特征值组成的对角矩阵；$\boldsymbol{G}_{\mathrm{F,n}} \in C^{L\times(L-M+M_1)}$ 为噪声子空间；$\boldsymbol{\Sigma}_{\mathrm{F,n}} \in \mathbf{R}^{(L-M+M_1)\times(L-M+M_1)}$ 为由 $L-M+M_1$ 个零特征值组成的对角矩阵。

基于一维 MUSIC 角度搜索，远场源方位角可估计为

$$p(\tilde{\theta}) = |\boldsymbol{a}(\theta)^{\mathrm{H}}\boldsymbol{G}_{\mathrm{F,n}}\boldsymbol{G}_{\mathrm{F},n}^{\mathrm{H}}\boldsymbol{a}(\theta)|^{-1} \tag{5.16}$$

总结上述过程，得到基于两步矩阵差分的远近场混合源分离及定位参量估计算法的具体实现步骤如表 5.1 所示。

表 5.1　两步矩阵差分算法实现步骤

输入:观测数据 $\boldsymbol{X}(t)$
输出:近场源位置参量(θ,r),远场源位置参量 θ
具体步骤:
(1)根据公式(3.1)计算阵列观测数据的协方差矩阵 $\boldsymbol{R}$;
(2)依据公式(4.17)应用协方差矩阵差分技术分离远场源和近场源,得到近场差分矩阵 $\boldsymbol{R}_{\mathrm{D}}$;
(3)应用公式(4.30)对差分矩阵 $\boldsymbol{R}_{\mathrm{D}}$ 进行特征值分解,获得相应的信号子空间 $\boldsymbol{G}_{\mathrm{D,s}}$;
(4)依据公式(4.31)对信号子空间 $\boldsymbol{G}_{\mathrm{D,s}}$进行分块处理;
(5)依据公式(4.32)构造对角矩阵 $\boldsymbol{\Psi}_{\mathrm{D}}(\gamma)$;
(6)应用公式(4.33)估计出近场源方位角;
(7)根据公式(4.34)获得近场源距离估计值;
(8)利用公式(3.11)计算背景噪声功率估计值$\tilde{\sigma}^2$;
(9)根据公式(5.12)估计所有近场源信号的功率;
(10)依据公式(5.13)获得近场源协方差矩阵的估计值$\tilde{\boldsymbol{R}}_{\mathrm{N}}$;
(11)根据公式(5.14)获得远场源协方差矩阵估计值$\tilde{\boldsymbol{R}}_{\mathrm{F}}$;
(12)应用公式(5.15)特征值分解$\tilde{\boldsymbol{R}}_{\mathrm{F}}$,获得噪声子空间 $\boldsymbol{G}_{\mathrm{F,n}}$;
(13)利用公式(5.16)估计出远场源的方位角。

5.3.3　两步差分算法性能分析

与现有的远近场混合源定位参量估计算法相比,两步矩阵差分算法的主要特色是同时应用了协方差矩阵差分技术和近场子空间差分技术,分别获得了纯净的近场分量和远场分量,以此为基础实现定位参量估计。以斜投影算法为代表,本节将从伪峰问题、远近场混合源分离、计算复杂度和定位参量估计精度四个方面对上述两种算法进行对比分析。

1. 伪峰问题

如第 5.1 节所述,对于远场源定位,当一维 MUSIC 角度搜索直接被应用到远近场混合源定位模型时,斜投影算法将出现如图 5.1 所示的伪峰问题。两步矩阵差分算法在去除近场源分量的基础上实施一维角度搜索,有效避免了由近场源等效为虚拟远场源引起的伪峰问题。

对于近场源定位,斜投影算法不涉及任何伪峰问题。两步矩阵差分算法采用协方差矩阵差分技术去除远场分量和背景噪声,提取近场源信息。近场差分矩阵的特征值具有关于零对称分布的特性，因此，基于该矩阵的 ESPRIT-Like 方法在估计近场源方位角时理论上可能出现伪峰。分析如公式(4.33)所示的谱搜索函数可知，其关键是形成矩阵 $\boldsymbol{J}\boldsymbol{G}_{\mathrm{D,s2}}-\boldsymbol{\Psi}_{\mathrm{D}}(\gamma)\boldsymbol{G}_{\mathrm{D,s1}}$，如公式(5.17)所示。

$$\begin{aligned}\boldsymbol{G}&=\boldsymbol{J}\boldsymbol{G}_{\mathrm{D,s2}}-\boldsymbol{\Psi}_{\mathrm{D}}(\gamma)\boldsymbol{G}_{\mathrm{D,s1}}\\&=[(\boldsymbol{D}_{\mathrm{D}}(\gamma_1)-\boldsymbol{\Psi}_{\mathrm{D}}(\gamma))\boldsymbol{a}_{\mathrm{n1}}(\gamma_1,\varphi_1),\cdots,(\boldsymbol{D}_{\mathrm{D}}(\gamma_{M_1})\\&\quad-\boldsymbol{\Psi}(\gamma))\boldsymbol{J}\boldsymbol{a}_{\mathrm{N1}}^{*}(\gamma_{M_1},\varphi_{M_1})]\boldsymbol{T}_{\mathrm{D}}\end{aligned}\tag{5.17}$$

其中，$\boldsymbol{T}_{\mathrm{D}}$ 为 $2M_1\times 2M_1$ 维的非奇异矩阵且满足 $\boldsymbol{G}_{\mathrm{D,s}}=\boldsymbol{A}_{\mathrm{nD}}\boldsymbol{T}_{\mathrm{D}}$。

分析公式(5.17)可知，当 $\gamma=\gamma_m$ 时，$\boldsymbol{G}$ 的第 m 列和第 M_1+m 列将同时变为零。换言之，公式(4.33)中的谱搜索函数将仅产生 M_1 个正确的谱峰。因此，本章介绍的算法估计近场源方位角时并不会产生伪峰。

2.远近场混合源的分离

针对远近场混合源定位模型，理想的信源分离是指分别获得纯净的远场分量和纯净的近场分量。斜投影算法在估计远场源方位角的基础上，采用斜投影技术抑制远场分量，提取出相应的近场源信息，然而却未能从混合源中获得纯净的远场分量。两步矩阵差分算法探索了远场源协方差矩阵的 Toeplitz 特性，采用协方差矩阵差分技术去除远场源分量和背景噪声，提取了纯净的近场分量；在实现近场源方位角和距离联合估计的基础上，引入近场子空间差分技术获得了远场源协方差矩阵的估计值，因此，与斜投影算法相比，两步矩阵差分算法可实现理想的远场源和近场源的分离。

3.计算复杂度

有关斜投影算法和两步矩阵差分算法的计算复杂度，依然主要考虑协方差矩阵构建，特征值分解，以及谱峰搜索过程所涉及的乘法次数。斜投影算法构造了一个$(2N+1)\times(2N+1)$维的协方差矩阵 $\boldsymbol{R}$ 以及一个$(N+2)\times(N+2)$维的统计量矩阵 $\boldsymbol{R}_y$，并分别对上述两个矩阵进行特征值分解，实施 MUSIC 角度搜索两次以及距离搜索 M_1 次，该算法所需要的乘法次数如公式(2.32)所示。

两步矩阵差分算法构造了一个$(2N+1)\times(2N+1)$维的协方差矩阵 $\boldsymbol{R}$，分别对 $\boldsymbol{R}$、近场差分矩阵 $\boldsymbol{R}_{\mathrm{D1}}$ 和远场源协方差矩阵 $\widetilde{\boldsymbol{R}}_{\mathrm{F}}$ 进行特征值分解，实施 MUSIC 角度搜索两次以及距离搜索 M_1 次，所需要的乘法次数为

$$O((2N+1)^2T_s+\frac{10}{3}(2N+1)^3+\frac{180}{c_\theta}(2N)^2 \\ +\frac{180}{c_\theta}(2N+1)^2+M_1\frac{2D^2/\lambda-0.62(D^3/\lambda)^{0.5}}{c_r}(2N+1)^2) \tag{5.18}$$

对比公式(2.32)和公式(5.18)可知，斜投影算法和两步矩阵差分算法具有基本相同的计算复杂度。

4. 定位参量估计精度

斜投影算法在估计近场源方位角时，仅仅利用了阵列观测数据协方差矩阵的交叉对角线元素，且阵列孔径损失了一半，这导致相应的估计精度有待提升。两步矩阵差分算法探索协方差矩阵差分技术抑制了远场分量和背景噪声，利用了近场差分矩阵的全部信息实施定位，因此该算法具有更为理想的近场源方位角估计精度。对于近场源距离，两种算法均将估计的方位角代入二维谱峰搜索，方位角估计性能将影响距离估计精度，因此，两步矩阵差分算法可提供更为准确的距离估计值。

对于远场源方位角，斜投影算法将 MUSIC 谱峰搜索直接应用到阵列协方差矩阵，而两步矩阵差分算法首先应用近场子空间差分技术对远近场混合源进行了分离，并以此为基础通过 MUSIC 谱峰搜索估计远场源方位角。近场源定位性能影响了信源分离的理想性，这导致本章介绍的算法对远场源方位角的估计精度将略低于斜投影算法。

5.4　习题

(1)结合本章内容与线性代数相关知识，详细阐述与总结特征值分解与奇异值分解有什么不同。

(2)请用公式分析对于归一化的方向矢量 $\boldsymbol{a}(\theta_m, r_m)$，式(5.7)为什么成立。

(3)在实验条件下请对两步差分算法进行仿真评价，给出其可有效应用的信噪比、样本数及天线数的参考值。

参考文献

[1] LEE J H, LEE C M, LEE K K. A modified path-following algorithm u-

sing a known algebraic path [J]. IEEE Transactions on Signal Processing,1999,47(5):1407-1409.

[2] LIU G,SUN X. Efficient method of passive localization for mixed far-field and near-field sources [J]. IEEE Antennas and Wireless Propagation Letters,2013,12:902-905.

[3] LIU G H,SUN X Y. Two-stage matrix differencing algorithm for mixed far-field and near-field sources classification and localization [J]. IEEE Sensors Journal,2014,14(8):1957-1965.

第 6 章　基于三阶循环矩的远近场混合源定位参量估计

如第 1.2 节所述，两步 MUSIC 算法可认为是最具代表性的基于思路 I 的特征子空间类算法。该算法的提出为远近场混合源定位问题的解决提供了一种有效的理论途径。然而，依据公式(2.31)的理论分析可知，两步 MUSIC 算法需要构建两个高维的四阶累积量矩阵，并对其进行特征值分解，同时需要实施 M_1+1(其中 M_1 为近场源个数)次的一维 MUSIC 谱峰搜索，这导致相应的计算复杂度较高。

与四阶累积量相比，三阶循环统计量(循环累积量或循环矩)在同等矩阵维数条件下将具有较低的计算复杂度，且具有更为理想的平稳噪声和循环平稳干扰抑制性能。因此，探索应用三阶循环统计量代替四阶累积量的有效途径，可在一定程度上降低因统计量矩阵构建及特征值分解带来的计算量。

子空间旋转不变技术(ESPRIT)将传感器阵列结构间的旋转不变性映射到相应的特征子空间，无须任何搜索过程就可实现定位参量的估计。基于这一特性，Challa 等人提出了一种适用于近场源定位模型的高阶 ESPRIT 算法[1]。若将该算法直接应用到远近场混合源定位中，将存在如下两个主要问题：①累积量矩阵的构建依然导致其计算复杂度较高；②当远近场混合源定位模型中远场源的个数超过一个时，将出现秩亏损问题，导致定位性能明显下降甚至失效。

为此，本章基于远近场混合源定位模型，依据两步 MUSIC 算法的基本思路，在介绍高阶统计量和高阶循环矩的定义及性质的基础上，研究阵列观测数据的三阶循环矩的有关特性，应用子空间旋转不变技术代替传统的 MUSIC 谱峰搜索，介绍一种计算更为有效的远近场混合源定位参量估计新算法。在此基础上探索阵列观测数据的二阶循环矩特性，提出一种基于混合阶循环矩的改进算法。

6.1 高阶统计量和高阶循环矩

在被动信源定位技术的发展过程中，高阶统计量的应用较为广泛，且相应的研究成果较为丰富。与传统的二阶统计量相比，高阶统计量在特殊数据矩阵构建、高斯白或色噪声抑制、阵列孔径扩展等方面具有突出的优势。与高阶统计量相比，高阶循环矩除了具有上述优势外，还可抑制具有不同循环频率的干扰和平稳背景噪声。然而，应用高阶循环矩解决信源定位问题的研究成果较为有限。本节主要介绍高阶统计量和高阶循环矩的相关定义和性质，为提出低复杂度远近场混合源定位参量估计新算法提供数学基础。

6.1.1 高阶统计量

通常情况下，二阶统计量被称为相关函数或功率谱，而高阶统计量是指三阶或者更高阶数的统计量。在信源定位中，高阶累积量的应用较为广泛。下面对高阶矩和高阶累积量的相关定义和性质进行简要阐述。

定义 1 假设 $x_1,x_2,\cdots,x_k$ 表示 k 个连续随机变量，其联合概率密度为 $f(x_1,x_2,\cdots,x_k)$，则上述 k 个随机变量的第一、第二联合特征函数可分别定义为

$$\Phi(\omega_1,\omega_2,\cdots,\omega_k)=E\{\mathrm{e}^{\mathrm{j}(\omega_1 x_1+\omega_2 x_2+\cdots+\omega_k x_k)}\} \tag{6.1}$$

$$\Psi(\omega_1,\omega_2,\cdots,\omega_k)=\ln\Phi(\omega_1,\omega_2,\cdots,\omega_k) \tag{6.2}$$

其 r 阶联合矩可定义为

$$\begin{aligned} m_{r_1 r_2\cdots r_k} &=E\{x_1^{r_1}x_2^{r_2}\cdots x_k^{r_k}\} \\ &=(-\mathrm{j})^r\left.\frac{\partial^r\Phi(\omega_1,\omega_2,\cdots,\omega_k)}{\partial\omega_1^{r_1}\omega_2^{r_2}\cdots\omega_k^{r_k}}\right|_{\omega_1=\cdots=\omega_k=0}\end{aligned} \tag{6.3}$$

相应的 r 阶联合累积量[2-7]可定义为

$$\begin{aligned} c_{r_1 r_2\cdots r_k} &=\mathrm{cum}(x_1^{r_1}x_2^{r_2}\cdots x_k^{r_k}) \\ &=(-j)^r\left.\frac{\partial^r\Psi(\omega_1,\omega_2,\cdots,\omega_k)}{\partial\omega_1^{r_1}\omega_2^{r_2}\cdots\omega_k^{r_k}}\right|_{\omega_1=\cdots=\omega_k=0}\end{aligned} \tag{6.4}$$

其中，$r=r_1+r_2+\cdots+r_k$，在实际应用中往往取 $r_1=r_2=\cdots=r_k=1$。

对于平稳连续随机信号 $x(t)$，其 k 阶矩和 k 阶累计量分别定义为

$$m_{kx}(\tau_1,\cdots,\tau_{k-1})=E\{x(t)x(t+\tau_1)\cdots x(t+\tau_{k-1})\} \tag{6.5}$$

$$c_{kx}(\tau_1,\cdots,\tau_{k-1})=\mathrm{cum}\{x(t)x(t+\tau_1)\cdots x(t+\tau_{k-1})\} \tag{6.6}$$

零均值高斯随机过程的高阶统计量具有如下三个特性：①二阶矩和二阶累积量相等，且均为方差 σ^2；②偶数阶矩不等于零，但奇数阶矩恒等于零；③当阶数超过三时，相应的高阶累积量恒等于零。

6.1.2　高阶循环矩

平稳随机过程 $x(t)$ 的均值和方差与时间 t 无关，均为常数；自相关函数仅与时间差 $\tau=t_2-t_1$ 有关，即 $R(t_1, t_1+\tau)=R(\tau)$。因此，平稳随机过程的统计特征与时间无关。与平稳随机过程不同，循环平稳随机过程相应的矩和累积量都是时间的周期函数。下面阐述循环平稳过程的高阶循环矩和高阶循环累积量的定义及主要性质[8-12]。

定义 2　假设 $x(t)$ 为循环平稳随机过程，其 k 阶时变矩为 $m_{kx}(t;\tau)$，对于固定的时间 τ，若存在一个相对于 t 的傅里叶级数展开：

$$m_{kx}(t;\tau) = \sum_{\alpha \in \Omega_k} M_{kx}^{\alpha}(\tau)\mathrm{e}^{\mathrm{j}\alpha t} \tag{6.7}$$

$$M_{kx}^{\alpha}(\tau) = \lim_{T \to \infty} \frac{1}{T}\sum_{t=0}^{T-1} m_{kx}(t;\tau)\mathrm{e}^{-\mathrm{j}\alpha t} = \langle m_{kx}(t;\tau)\mathrm{e}^{-\mathrm{j}\alpha t} \rangle \tag{6.8}$$

其中，$\Omega_k = \{\alpha : M_{kx}^{\alpha}(\tau) \neq 0, 0 \leqslant \alpha \leqslant 2\pi\}$ 表示循环频率集；傅里叶系数 M_{kx}^{α} 代表 $x(t)$ 在循环频率 α 的 k 阶循环矩。

定义 3　假设 $x(t)$ 为一个循环平稳随机过程，其 k 阶时变累积量表示为 $c_{kx}(t;\tau)$，对于固定的时间 τ，若存在一个相对于 t 的傅里叶级数展开：

$$c_{kx}(t;\tau) = \sum_{\alpha \in \Omega'_k} C_{kx}^{\alpha}(\tau)\mathrm{e}^{\mathrm{j}\alpha t} \tag{6.9}$$

$$C_{kx}^{\alpha}(\tau) = \lim_{T \to \infty} \frac{1}{T}\sum_{t=0}^{T-1} c_{kx}(t;\tau)\mathrm{e}^{-\mathrm{j}\alpha t} = \langle c_{kx}(t;\tau)\mathrm{e}^{-\mathrm{j}\alpha t} \rangle \tag{6.10}$$

其中，$\Omega'_k = \{\alpha : C_{kx}^{\alpha}(\tau) \neq 0, 0 \leqslant \alpha \leqslant 2\pi\}$ 表示循环频率集；傅里叶系数 C_{kx}^{α} 代表 $x(t)$ 在循环频率 α 的 k 阶循环累积量。

如果循环平稳随机过程 $x(t)$ 的均值为零，则其 $k=2,3$ 阶循环矩及相应的循环累积量相等。循环平稳信号 $x(t)$ 的 k 阶循环矩可估计为

$$\begin{aligned} M_{kx}^{\alpha}(\tau_1, \cdots, \tau_{k-1}) &= \frac{1}{T}\sum_{t=0}^{T-1} m_{kx}(t;\tau_1, \cdots, \tau_{k-1})\mathrm{e}^{-\mathrm{j}\alpha t} \\ &= \frac{1}{T}\sum_{t=0}^{T-1} x(t)x(t+\tau_1)\cdots x(t+\tau_{k-1})\mathrm{e}^{-\mathrm{j}\alpha t} \end{aligned} \tag{6.11}$$

高阶($k \geqslant 3$)循环矩(累积量)具有如下特性：①可实现平稳信号和非平稳

信号的分离；②任何平稳噪声和循环平稳的高斯噪声均具有“盲性”；③可恢复出时变的相位信息；④可表征非线性。

6.2 基于三阶循环矩的远近场混合源定位算法

针对基于四阶累积量的两步 MUSIC 算法中存在的计算复杂度较高这一主要问题，本节探索阵列观测数据在三阶循环统计量域的特性，研究基于旋转不变技术的远近场混合源定位参量估计新算法。本节将从算法的基本原理、实现过程、性能分析及仿真评价四个方面对本章介绍的算法进行详细阐述。

6.2.1 三阶循环矩算法基本原理

通过计算特定选择的阵列观测数据的三阶循环矩，首先构造两个特殊的三阶循环矩矩阵，使得其方向矩阵仅包含远场源和近场源的方位角信息，而旋转因子则是方位角和距离的函数。对所构建的三阶循环矩矩阵进行奇异值分解，通过一维 MUSIC 角度搜索实现远场源和近场源的方位角估计，以此为基础利用最小二乘算法求解旋转因子，获得相应的近场源距离信息。与基于四阶累积量的两步 MUSIC 算法相比，三阶循环矩算法避免了高维累积量矩阵的构建及相应的特征值分解，且将 MUSIC 谱峰搜索的次数减少到一次，降低了计算复杂度；同时利用信号子空间与方向矩阵之间的非奇异矩阵的唯一性，实现了近场源方位角和距离的自动匹配。

6.2.2 三阶循环矩算法实现过程

基于如图 2.1 所示的远近场混合源定位模型，第 0 个、第 n 个以及第 $-n$ 个传感器观测数据的三阶循环矩[13-14]可计算为

$$M_{3,x}^{\alpha}(0,n,-n)=\lim_{T_s\to\infty}\frac{1}{T_s}\sum_{t=1}^{T_s}E\{x_0(t)x_n(t+\tau_1)x_{-n}^{*}(t+\tau_2)\}\mathrm{e}^{-\mathrm{j}\alpha t}\tag{6.12}$$

其中，α 为信源信号的循环频率；T_s 为采样点数。

考虑最小二乘收敛性，公式(6.12)的估计式[15]为

$$M_{3,x}^{\alpha}(0,n,-n)=\frac{1}{T_s}\sum_{t=1}^{T_s}x_0(t)x_n(t+\tau_1)x_{-n}^{*}(t+\tau_2)\mathrm{e}^{-\mathrm{j}\alpha t}\tag{6.13}$$

将公式(2.1)代入公式(6.13)可得

$$\begin{aligned}
& M_{3,x}^{\alpha}(0,n,-n) \\
& =\frac{1}{T_s}\sum_{t=1}^{T_s}\sum_{m=1}^{M} s_m(t)s_m(t+\tau_1)s_m^*(t+\tau_2)\mathrm{e}^{\mathrm{j}\tau_{nm}}\mathrm{e}^{-\mathrm{j}\tau_{-nm}}\mathrm{e}^{-\mathrm{j}\alpha t} \\
& =\sum_{m=1}^{M}\frac{1}{T_s}\sum_{t=1}^{T_s} s_m(t)s_m(t+\tau_1)s_m^*(t+\tau_2)\mathrm{e}^{\mathrm{j}2l\gamma_m}\mathrm{e}^{-\mathrm{j}\alpha t} \\
& =\sum_{m=1}^{M} m_{3,s_m}^{\alpha}(\tau)\mathrm{e}^{\mathrm{j}2l\gamma_m}
\end{aligned} \tag{6.14}$$

其中，$m_{3,s_m}^{\alpha}(\tau)$为第 m 个信源信号的三阶循环矩。

基于公式(6.14)，可构造两个特殊的 $N\times N$ 维三阶循环矩矩阵，其第(k,q)个元素可分别表示为

$$\boldsymbol{M}_1^{\alpha}(k,q)=M_{3,x}^{\alpha}(0,k-q,q-k)=\sum_{m=1}^{M} m_{3,s_m}^{\alpha}(\tau)\mathrm{e}^{\mathrm{j}2(k-q)\gamma_m} \tag{6.15}$$

$$\boldsymbol{M}_2^{\alpha}(k,q)=M_{3,x}^{\alpha}(1,k-q,q-k)=\sum_{m=1}^{M} m_{3,s_m}^{\alpha}(\tau)\mathrm{e}^{\mathrm{j}(\gamma_m+\varphi_m)}\mathrm{e}^{\mathrm{j}2(k-q)\gamma_m} \tag{6.16}$$

合并 $\boldsymbol{M}_1^{\alpha}$ 和 $\boldsymbol{M}_2^{\alpha}$，可得一个 $2N\times N$ 维的三阶循环矩矩阵为

$$\boldsymbol{M}^{\alpha}=\begin{bmatrix}\boldsymbol{M}_1^{\alpha}\\ \boldsymbol{M}_2^{\alpha}\end{bmatrix}=\begin{bmatrix}\boldsymbol{A}\boldsymbol{M}_{3,s}^{\alpha}(\tau)\boldsymbol{A}^{\mathrm{H}}\\ \boldsymbol{A}\boldsymbol{\Omega}\boldsymbol{\Phi}\boldsymbol{M}_{3,s}^{\alpha}(\tau)\boldsymbol{A}^{\mathrm{H}}\end{bmatrix} \tag{6.17}$$

其中，$\boldsymbol{M}_{3,s}^{\alpha}(\tau)$为信源信号的三阶循环矩矩阵；$\boldsymbol{A}$ 为方向矩阵；$\boldsymbol{\Omega\Phi}$ 为旋转因子。$\boldsymbol{A\Omega\Phi}$ 分别满足：

$$\boldsymbol{A}=[\boldsymbol{a}_1,\boldsymbol{a}_2,\cdots,\boldsymbol{a}_M] \tag{6.18}$$

$$\boldsymbol{\Omega}=\mathrm{diag}(\mathrm{e}^{\mathrm{j}\gamma_1},\mathrm{e}^{\mathrm{j}\gamma_2},\cdots,\mathrm{e}^{\mathrm{j}\gamma_M}) \tag{6.19}$$

$$\boldsymbol{\Phi}=\mathrm{diag}(\mathrm{e}^{\mathrm{j}\varphi_1},\mathrm{e}^{\mathrm{j}\varphi_2},\cdots,\mathrm{e}^{\mathrm{j}\varphi_M}) \tag{6.20}$$

其中，$\boldsymbol{a}_m=[1,\mathrm{e}^{\mathrm{j}2\gamma_m},\cdots,\mathrm{e}^{\mathrm{j}2(N-1)\gamma_m}]^{\mathrm{T}}$ 为相应的方向矢量；γ_m 和 φ_m 为第 m 个信源的电子角度，分别如公式(2.16)和公式(2.23)所示。

分析公式(6.18)、公式(6.19)以及公式(6.20)可知，所构建的三阶循环矩矩阵 $\boldsymbol{M}^{\alpha}$ 的方向矩阵 $\boldsymbol{A}$ 仅包含远场源和近场源的方位角信息，因此可通过一维 MUSIC 角度搜索实现方位角估计；旋转因子 $\boldsymbol{\Omega\Phi}$ 同时包含方位角和距离信息，在获得方位角估计值的基础上，可通过最小二乘法估计出近场源的距离参数。

对 $\boldsymbol{M}^{\alpha}$ 进行奇异值分解，如公式(6.21)所示。

$$\boldsymbol{M}^{\alpha}=\boldsymbol{U}_{\boldsymbol{M}^{\alpha}}\boldsymbol{\Lambda}_{\boldsymbol{M}^{\alpha}}\boldsymbol{V}_{\boldsymbol{M}^{\alpha}}^{\mathrm{H}} \tag{6.21}$$

其中，$\boldsymbol{U}_{\boldsymbol{M}^{\alpha}}\in C^{2N\times N}$，为由 N 个左奇异向量组成的矩阵；$\boldsymbol{\Lambda}_{\boldsymbol{M}^{\alpha}}\in\mathbf{R}^{N\times N}$，为由 N 个奇异值组成的对角矩阵；$\boldsymbol{V}_{\boldsymbol{M}^{\alpha}}\in C^{N\times N}$ 为 N 个右奇异向量组成的矩阵。

从左奇异矩阵 $\boldsymbol{U}_{\boldsymbol{M}^{\alpha}}$ 中选择与 M 个大奇异值对应的奇异向量组成信号子空间，如公式(6.22)所示。

$$\boldsymbol{U}=[\boldsymbol{u}_1,\boldsymbol{u}_2,\cdots,\boldsymbol{u}_m,\cdots,\boldsymbol{u}_{M-1},\boldsymbol{u}_M] \tag{6.22}$$

依据信号子空间与方向矩阵张成同一个子空间，可得

$$\boldsymbol{U}\boldsymbol{T}=\begin{bmatrix}\boldsymbol{U}_1\\ \boldsymbol{U}_2\end{bmatrix}\boldsymbol{T}=\begin{bmatrix}\boldsymbol{A}\\ \boldsymbol{A}\boldsymbol{\Omega}\boldsymbol{\Phi}\end{bmatrix} \tag{6.23}$$

其中，$\boldsymbol{U}_1\in C^{N\times M}$ 和 $\boldsymbol{U}_2\in C^{N\times M}$ 分别为三阶循环矩矩阵 $\boldsymbol{M}_1^{\alpha}$ 和 $\boldsymbol{M}_2^{\alpha}$ 的信号子空间；$\boldsymbol{T}\in\mathbf{R}^{M\times M}$ 为唯一的非奇异矩阵。

基于公式(6.23)，远场源和近场源的方位角可估计为

$$P(\tilde{\theta})=\left|\boldsymbol{a}(\theta)^{\mathrm{H}}(\boldsymbol{I}-\boldsymbol{U}_1\boldsymbol{U}_1^{\mathrm{H}})\boldsymbol{a}(\theta)\right|^{-1} \tag{6.24}$$

其中，$\boldsymbol{I}$ 为 $N\times N$ 维的单位矩阵。

为了实现对近场源距离参数的估计，我们应首先估计出唯一的非奇异矩阵 $\boldsymbol{T}$。将由公式(6.24)估计出的远场源和近场源方位角代入公式(6.18)，可获得方向矩阵 $\boldsymbol{A}$ 的估计值 $\tilde{\boldsymbol{A}}$，则 $\boldsymbol{T}$ 可通过求解 $\boldsymbol{U}_1\boldsymbol{T}=\tilde{\boldsymbol{A}}$ 的最小二乘问题估计得到。

将 $\boldsymbol{U}$ 和 $\tilde{\boldsymbol{A}}$ 构成一个新的 $N\times 2M$ 维矩阵 $[\boldsymbol{U}_1\quad\tilde{\boldsymbol{A}}]$，对其进行奇异值分解，获得相应的 $2M\times 2M$ 维右奇异矩阵 $\mathbf{V}$。对 $\mathbf{V}$ 按照公式(6.25)进行分块处理，得到

$$\mathbf{V}=\begin{bmatrix}\mathbf{V}_{11} & \mathbf{V}_{12}\\ \mathbf{V}_{21} & \mathbf{V}_{22}\end{bmatrix} \tag{6.25}$$

因此，非奇异矩阵 $\boldsymbol{T}$ 的估计值为

$$\tilde{\boldsymbol{T}}_{\mathrm{TLS}}=-\mathbf{V}_{12}\mathbf{V}_{22}^{-1} \tag{6.26}$$

类似地，旋转因子 $\boldsymbol{\Omega\Phi}$ 的估计值可通过 $\tilde{\boldsymbol{A}}\boldsymbol{\Omega}\boldsymbol{\Phi}=\boldsymbol{U}_2\tilde{\boldsymbol{T}}_{\mathrm{TLS}}$ 的最小二乘解得到。将 $\tilde{\boldsymbol{A}}$ 和 $\boldsymbol{U}_2\tilde{\boldsymbol{T}}_{\mathrm{TLS}}$ 重新组成一个 $N\times 2M$ 维的矩阵 $[\tilde{\boldsymbol{A}}\quad\boldsymbol{U}_2\tilde{\boldsymbol{T}}_{\mathrm{TLS}}]$，对该矩阵进行奇异值分解，获得相应的 $2M\times 2M$ 维右奇异矩阵 $\boldsymbol{E}$。对 $\boldsymbol{E}$ 按照公式(6.27)进行分块处理，得到

$$\boldsymbol{E}=\begin{bmatrix}\boldsymbol{E}_{11} & \boldsymbol{E}_{12}\\ \boldsymbol{E}_{21} & \boldsymbol{E}_{22}\end{bmatrix} \tag{6.27}$$

则旋转因子 $\boldsymbol{\Omega\Phi}$ 的估计值为

$$(\widetilde{\boldsymbol{\Omega}}\widetilde{\boldsymbol{\Phi}})_{\mathrm{TLS}} = -\boldsymbol{E}_{12}\boldsymbol{E}_{22}^{-1} \tag{6.28}$$

因此，我们可以获得包含距离信息的电子角度 φ_m 的估计值为

$$\widetilde{\varphi}_m = \mathrm{angle}((\widetilde{\boldsymbol{\Omega}}\widetilde{\boldsymbol{\Phi}})_{\mathrm{TLS}}(m,m)) - \mathrm{angle}(\widetilde{\boldsymbol{\Omega}}(m,m)) \tag{6.29}$$

则第 m 个近场源的距离参数可计算为

$$\widetilde{r}_m = \pi\frac{d^2}{\lambda\widetilde{\varphi}_m}\cos^2\widetilde{\theta}_m \tag{6.30}$$

总结上述过程，得到基于三阶循环矩的低复杂度远近场混合源定位参量估计算法的具体实现步骤如表 6.1 所示。

表 6.1　三阶循环矩算法实现步骤

输入：观测数据 $\boldsymbol{X}(t)$
输出：近场源位置参量 (θ,r)，远场源位置参量 θ
具体步骤：
(1)根据公式(6.15)和(6.16)构造两个特殊的三阶循环矩矩阵 $\boldsymbol{M}_1^\alpha$ 和 $\boldsymbol{M}_2^\alpha$；
(2)应用公式(6.17)将 $\boldsymbol{M}_1^\alpha$ 和 $\boldsymbol{M}_2^\alpha$ 组成一个三阶循环矩矩阵 $\boldsymbol{M}^\alpha$；
(3)根据公式(6.21)对 $\boldsymbol{M}^\alpha$ 进行奇异值分解，获得相应的左奇异矩阵 $\boldsymbol{U}_{\boldsymbol{M}^\alpha}$；
(4)依据公式(6.22)选择左奇异向量组成信号子空间 $\boldsymbol{U}$；
(5)利用公式(6.23)获得远场源和近场源的方位角估计值；
(6)应用公式(6.26)获得唯一的非奇异矩阵 $\boldsymbol{T}$ 的估计值；
(7)依据公式(6.28)获得旋转因子 $\boldsymbol{\Omega\Phi}$ 的估计值$(\widetilde{\boldsymbol{\Omega}}\widetilde{\boldsymbol{\Phi}})_{\mathrm{TLS}}$；
(8)根据公式(6.29)获得包含近场源距离信息的电子角度$\widetilde{\varphi}_m$
(9)应用公式(6.30)获得近场源距离参数估计值。

6.2.3　三阶循环矩算法性能分析

三阶循环矩算法采用了与两步 MUSIC 算法相同的思路实现远近场混合源定位。但在方位角和距离估计的具体过程中，本章所介绍的算法同时探索了多重信号分类技术和旋转子空间不变技术，即其方位角信息通过 MUSIC 谱峰搜索得到，而其距离的估计值则通过求解旋转因子得到。与两步 MUSIC 算法相比，该算法可获得距离的闭式估计值。本节将从计算复杂度、定位参量匹配、噪声鲁棒性及定位参量估计精度四个方面对上述两种算法进行对比分析。

1. 计算复杂度

有关算法的计算复杂度,依然考虑三阶循环矩矩阵构建、奇异值分解以及MUSIC谱峰搜索三个过程所需要的乘法次数。三阶循环矩算法构建两个$N\times N$维的三阶循环矩矩阵$\boldsymbol{M}_1^\alpha$和$\boldsymbol{M}_2^\alpha$,对$\boldsymbol{M}^\alpha$实施一次奇异值分解,同时进行一次MUSIC角度搜索,所涉及的乘法次数为

$$O\left(2N^2T_s+\frac{8}{3}N^3+\frac{180}{c_\theta}N^2\right) \tag{6.31}$$

对比公式(2.31)和公式(6.31)可知,基于三阶循环矩的远近场混合源定位参量估计算法具有更低的计算复杂度。

2. 定位参量匹配

在远近场混合源定位中,近场源的位置主要由角度和距离两个参量共同确定。因此,对于任意一个近场源,需要对定位参量的估计值进行配对,即参数匹配。两步MUSIC算法将估计出的方位角代入二维MUSIC谱峰搜索,在获得距离估计值的同时实现参数的自动匹配。三阶循环矩算法通过求解$\boldsymbol{U}_1\boldsymbol{T}=\tilde{\boldsymbol{A}}$和$\tilde{\boldsymbol{A}}\boldsymbol{\Omega}\boldsymbol{\Phi}=\boldsymbol{U}_2\tilde{\boldsymbol{T}}_{\mathrm{TLS}}$这两个最小二乘问题获得了距离的闭式估计值。基于非奇异矩阵$\boldsymbol{T}$具有唯一性这一特点,本章算法无须额外的定位参量匹配过程,即近场源的方位角和距离同样可实现自动匹配。

3. 噪声鲁棒性

基于四阶累积量的两步MUSIC算法可适用于高斯白或色噪声;本章介绍的三阶循环矩算法探索了阵列观测数据的三阶循环矩特性,可有效抑制平稳背景噪声和高斯白或色噪声,同时也可抑制具有不同循环频率的干扰信号,具有更强的噪声鲁棒性和抗干扰能力。需要指出的是:为保证三阶循环矩算法的有效性,远场源和近场源信号应为循环平稳随机过程。

4. 定位参量估计精度

三阶循环矩算法在进行方位角估计时,所构建的三阶循环矩矩阵维数仅为传感器数的一半,即阵列孔径损失了一半,但三阶循环矩的累积误差小于四阶累积量。综合考虑上述两个因素,两步MUSIC算法和三阶循环矩算法应具有较为接近的方位角估计精度。本章算法在进行近场源距离估计时,需要求解两次最小二乘问题,求解误差将影响相应参量的估计精度,因此,与两步MUSIC算法相比,三阶循环矩算法的距离估计性能有待提升。

6.3　基于混合阶循环矩的改进算法

由第 6.2 节的理论分析和仿真结果可知，本章三阶循环矩算法可认为是一种计算更为有效的远近场混合源定位新途径，但其近场源距离估计性能却不尽理想。针对这一问题，本节探索阵列观测数据的循环相关（二阶循环矩）特性，寻求无须最小二乘求解的可估计近场源距离的有效方法，以此为基础提出三阶循环矩与二阶循环矩相结合的远近场混合源定位参量估计新算法。

通过恰当选择传感器输出构造一个特殊的三阶循环矩矩阵，使其方向矢量同样仅包含远场源和近场源的方位角信息，通过一维 MUSIC 谱峰搜索实现全部信源方位角的同时估计。在此基础上计算阵列观测数据的循环相关矩阵，对该矩阵进行特征值分解，应用一维 MUSIC 距离搜索实现近场源距离估计。

基于混合阶循环矩的改进算法在估计远场源和近场源的方位角时，采用了与三阶循环算法类似的过程。应用公式（6.15）构造三阶循环矩矩阵 $\boldsymbol{M}_1^{\alpha}$，对其进行特征值分解，如公式（6.32）所示。

$$\boldsymbol{M}_1^{\alpha} = \boldsymbol{U}_{\boldsymbol{M}_1^{\alpha}} \boldsymbol{\Sigma}_{\boldsymbol{M}_1^{\alpha}} \boldsymbol{U}_{\boldsymbol{M}_1^{\alpha}}^{\mathrm{H}} \tag{6.32}$$

其中，$\boldsymbol{U}_{\boldsymbol{M}_1^{\alpha}}$ 为由所有特征向量组成的矩阵；$\boldsymbol{\Sigma}_{\boldsymbol{M}_1^{\alpha}}$ 为由全部特征值组成的对角矩阵；选择与零特征值对应的特征向量并组成噪声子空间 $\boldsymbol{U}_{\boldsymbol{M}_1^{\alpha},\mathrm{n}}$，则远场源和近场的方位角可通过公式（6.33）估计得到。

$$P(\tilde{\theta}) = \left| \boldsymbol{a}(\theta)^{\mathrm{H}} \boldsymbol{U}_{\boldsymbol{M}_1^{\alpha},N} \boldsymbol{U}_{\boldsymbol{M}_1^{\alpha},\mathrm{n}}^{\mathrm{H}} \boldsymbol{a}(\theta) \right|^{-1} \tag{6.33}$$

计算阵列观测数据的循环相关矩阵 $\boldsymbol{R}^{\alpha}$，如公式（6.34）所示。

$$\boldsymbol{R}^{\alpha}(k,q) = \frac{1}{T_{\mathrm{s}}} \sum_{t=1}^{T_{\mathrm{s}}} x_k(t) x_q^{*}(t+\tau) \mathrm{e}^{-\mathrm{j}2\alpha t} \tag{6.34}$$

对 $\boldsymbol{R}^{\alpha}$ 进行特征值分解，如公式（6.35）所示。

$$\boldsymbol{R}^{\alpha} = \boldsymbol{U}_{\boldsymbol{R}^{\alpha}} \boldsymbol{\Sigma}_{\boldsymbol{R}^{\alpha}} \boldsymbol{U}_{\boldsymbol{R}^{\alpha}}^{\mathrm{H}} \tag{6.35}$$

其中，$\boldsymbol{U}_{\boldsymbol{R}^{\alpha}}$ 为由所有特征向量组成的矩阵；$\boldsymbol{\Sigma}_{\boldsymbol{R}^{\alpha}}$ 为由全部特征值组成的对角矩阵。

选择与零特征值对应的特征向量组成噪声子空间 $\boldsymbol{U}_{\boldsymbol{R}^{\alpha},\mathrm{n}}$，同时将方位角的估计值代入公式（6.36），可以得到相应的近场源距离估计值为

$$P(\tilde{r}) = \left| \boldsymbol{a}(\tilde{\theta},r)^{\mathrm{H}} \boldsymbol{U}_{R^{\alpha},\mathrm{n}} \boldsymbol{U}_{\boldsymbol{R}^{\alpha},\mathrm{n}}^{\mathrm{H}} \boldsymbol{a}(\tilde{\theta},r) \right|^{-1} \tag{6.36}$$

总结上述过程，得到基于混合阶循环矩的远近场混合源定位参量估计算法的具体实现步骤，如表 6.3 所示。

表 6.3 混合阶循环矩算法实现步骤

输入：观测数据 $\boldsymbol{X}(t)$
输出：近场源位置参量(θ,r)，远场源位置参量 θ
具体步骤：
(1)根据公式(6.15)构造一个特殊的三阶循环矩矩阵 $\boldsymbol{M}_1^{\alpha}$；
(2)应用公式(6.32)对 $\boldsymbol{M}_1^{\alpha}$ 进行特征值分解，获得相应的噪声子空间 $\boldsymbol{U}_{\boldsymbol{M}_1^{\alpha},\mathrm{n}}$；
(3)利用公式(6.33)获得远场源和近场源的方位角估计值；
(4)根据公式(6.34)计算阵列输出数据的循环相关矩阵 $\boldsymbol{R}^{\alpha}$；
(5)依据公式(6.35)对 $\boldsymbol{R}^{\alpha}$ 进行特征值分解，获得相应的噪声子空间 $\boldsymbol{U}_{\boldsymbol{R}^{\alpha},\mathrm{n}}$；
(6)应用公式(6.36)获得近场源距离参量的估计值。

需要说明的是，基于混合阶循环矩的改进算法虽然提升了近场源距离的估计精度，但也增加了相应的计算复杂度。该算法的实施过程需要构建一个 $N\times N$ 维的三阶循环矩矩阵 $\boldsymbol{M}_1^{\alpha}$ 和一个$(2N+1)\times(2N+1)$维的循环相关矩阵 $\boldsymbol{R}^{\alpha}$，分别对二者进行特征值分解，同时实施一次 MUSIC 角度搜索和 $\boldsymbol{M}_1$ 次距离搜索，所涉及的乘法次数为

$$O\Bigg(N^2T_{\mathrm{s}}+(2N+1)^2T_{\mathrm{s}}+\frac{4}{3}N^3+\frac{4}{3}(2N+1)^3 + \frac{180}{c_\theta}N^2+M_1\,\frac{2D^2/\lambda-0.62\,(D^3/\lambda)^{0.5}}{c_r}(2N+1)^2\Bigg) \tag{6.37}$$

对比公式(2.31)、公式(6.31)和公式(6.37)可知，混合阶循环矩算法的计算复杂度低于两步 MUSIC 算法，但高于三阶循环矩算法。

6.4 习题

(1)通常情况下，二阶统计量即可完成定位参量估计任务，那么思考一下应用高阶统计量的必要性。

(2)分析一下雷达、声呐和无线通信系统中常用的信号(如 BPSK、QPSK、线性调频、非线性调频等)是否都可以采用高阶累积量进行处理。

(3)对于均匀线性阵列，试分析四阶累积量和三阶循环矩理论上可将阵列孔径扩展至多少。

(4)对本章介绍的两种算法进行仿真实验，评估其在不同 SNR、不同样本和不同阵元下的均方根误差性能，并分组进行讨论。

参考文献

[1]

[2] GONEN E，MITHAT C D，MENDE J M. Applications of cumulants to arrays processing：direction finding in coherent signal environment [C]. IEEE Signal，System and Computers，1994，1：633-637.

[3] NORMAN Y. Asymptotic performance analysis of ESPRIT，higher order ESPRIT and virtual ESPRIT algorithm [J]. IEEE Transactions on Signal Processing，1996，44：2537-2551.

[4] GONEN E，MENDEL J M. Application of cumulants to array processing part Ⅵ：palatization and DOA estimation with minimally constrained arrays [J]. IEEE Transaction on Signal Processing，1999，47(9)：2589-2592.

[5] GONEN E，MENDEL J M. Applications of cumulants to array processing part Ⅳ：direction finding in coherent signals case [J]. IEEE Transaction on Signal Processing，1997，45(9)：2265-2276.

[6] GONEN E，MENDEL J M. Applications of cumulants to array processing part Ⅱ：nongaussian noise suppression [J]. IEEE Transaction on Signal Processing，1995，43(7)：1663-1676.

[7] 张贤达. 现代信号处理[M]. 第二版. 北京：清华大学出版社，2002.

[8] 张贤达. 时间序列分析——高阶统计量方法[M]. 北京：清华大学出版社，1996.

[9] 姜宏. 高阶循环统计量在移动通信系统定位参数估计中的应用[D]. 长春：吉林大学，2005.

[10] GARDNER W A. Exploitation of spectral redundancy in cyclostationary signals [J]. IEEE Transactions on Signal Processing，1991，8(2)：

14-36.
[11] 黄知涛,周一宇,姜文利.循环平稳信号处理与应用[M].北京:科学出版社,2006.
[12] 孙晓颖,王波,姜宏.乘性噪声背景下基于三阶循环矩的二维近场源定位方法[J].电子学报,2009,37(7):1324-1328.
[13] DANDAWATE A V,GIANNAKS G B. Asymptotic theory of mixed time averages and kth-order cyclic moment and cumulant statistics [J]. IEEE Transaction on Information Theory,1995,42(1):216-238.
[14] SHAMSUNDER S,GIANNAKS G B. Signal selective localization of non-Gaussian cyclostationary sources [J]. IEEE Transaction on Information Theory,1994,41(10):2860-2864.
[15] KORSO M N E,BOYER R,RENAUX A,et al. Conditional and unconditional cramr crao bounds for near-field sources localization [J]. IEEE Transaction on Signal Processing,2010,58(5):2901-2907.

第 7 章　压缩感知理论与稀疏重构方法

在信号处理领域中，很大一部分信号都具有稀疏特性，即信号自身或者其某一变换的大部分元素为零，仅有少量元素非零。如无线信道中的冲击噪声本身就具备稀疏性，而语音信号和图像信号在傅里叶变换或小波变换后具有稀疏性[1-2]，信号稀疏性的存在使得相关信息的提取变得更加快速有效。为了实现对各类信号的稀疏变换，学术界提出采用大量冗余的特征集（观测矩阵）作为基向量，并发展出与之对应的稀疏信号表示与重构问题。相应地，一大批稀疏信号重构算法也陆续出现。利用信号在某一变换域的稀疏性，近年来还发展出了一套压缩感知理论，该理论允许以低于奈奎斯特采样速率对稀疏信号进行采样，并在概率意义上精确重构。压缩感知理论可以看作稀疏信号重构理论的扩展。然而，与局限于研究单纯的稀疏信号重构方法不同，压缩感知理论还着重于研究观测矩阵的特性对稀疏重构算法性能的影响，以及如何以最小的采样代价获取数据中有用信息的最大化。因此，本章在讨论稀疏重构算法的同时，也将引入压缩感知的有关理论，以为稀疏信号的精确重构提供理论支撑。

7.1　压缩感知理论

压缩感知理论是在稀疏信号重构框架上提出的一种新理论，是主要基于稀疏信号（或者可压缩信号）这类特殊信号而提出的采样与重构理论。从本质上看，压缩感知的核心目的是求解下面的欠定方程组：

$$\boldsymbol{y} = \boldsymbol{\Phi x} \tag{7.1}$$

其中，$\boldsymbol{y} \in \mathbf{R}^M$ 代表待分析的数据；$\boldsymbol{\Phi} \in \mathbf{R}^{M \times N}$ 表示观测矩阵，$M \ll N$；$\boldsymbol{x} \in \mathbf{R}^N$ 为待重构的信号。由线性方程组的理论可知，式(7.1)存在无穷多解。然而，如果信号 $\boldsymbol{x}$ 是稀疏的或在某一变换基 $\boldsymbol{\Psi} \in \mathbf{R}^{N \times N}$ 下可稀疏表示为

$$\boldsymbol{x} = \boldsymbol{\Psi s} \tag{7.2}$$

其中，$s\in \mathbf{R}^N$ 代表稀疏向量，则方程组(7.1)有可能具有唯一解。

将式(7.2)代入式(7.1)得到：

$$\boldsymbol{y}=\boldsymbol{\Phi x}=\boldsymbol{\Phi\Psi s}=\overline{\boldsymbol{\Phi}}\boldsymbol{s} \tag{7.3}$$

为了寻求稀疏域数据最简洁的表示，式(7.3)的求解问题可转化为如下 l_0 范数约束的最小化问题

$$\min\|\boldsymbol{s}\|_0 \text{subject to } \boldsymbol{y}=\overline{\boldsymbol{\Phi}}\boldsymbol{s} \tag{7.4}$$

其中，$\overline{\boldsymbol{\Phi}}=\boldsymbol{\Phi\Psi}$ 代表新的观测矩阵；$\|\boldsymbol{s}\|_0$ 代表 $\boldsymbol{s}$ 的 l_0 范数，表征 $\boldsymbol{s}$ 中非零元素的个数。重构出 $\boldsymbol{s}$ 后，即可根据 $\boldsymbol{x}=\boldsymbol{\Psi s}$ 得到 $\boldsymbol{x}$。压缩感知既体现了对采样信号的压缩(由 N 维压缩至 M 维)，又体现了对稀疏信号的感知(稀疏重构)。特别地，如果 $\boldsymbol{x}$ 本身是稀疏的或为严格意义上的稀疏信号，则 $\overline{\boldsymbol{\Phi}}=\boldsymbol{\Phi}$，此时压缩感知问题就转化为纯稀疏信号重构问题。

7.2 精确重构的条件

压缩感知理论表明，能否通过少量数据构成的向量 $\boldsymbol{y}$ 来精确地重构稀疏向量 $\boldsymbol{s}$ 完全由观测矩阵 $\overline{\boldsymbol{\Phi}}$ 决定。对于诸如式(7.3)的无噪观测模型，Donoho 和 Elad 等人从观测矩阵最小线性独立列数的角度研究了其精确重构的充分条件，并给出如下定理：

定理 7.1[3] 对于测量矢量 $\boldsymbol{y}\in \mathbf{R}^M$，当且仅当 $\text{Spark}(\overline{\boldsymbol{\Phi}})>2\|\boldsymbol{s}\|_0$ 时，存在唯一的最稀疏解 $\boldsymbol{s}$ 使得 $\boldsymbol{y}=\overline{\boldsymbol{\Phi}}\boldsymbol{s}$。

定理 7.1 的证明详见参考文献[3]，其中 $\text{Spark}(\overline{\boldsymbol{\Phi}})$ 值定义为矩阵 $\overline{\boldsymbol{\Phi}}$ 中线性相关列的最少个数。为了使行文条理清晰，对于引用的参考文献中的结论，本章均略去其证明过程。

对于严格意义上的稀疏信号，定理 7.1 给出了其精确重构的完备结论。然而当信号为更广义的可压缩信号时，该理论则可能失效。为了实现压缩采样，同时又保证信号精确重构，Candes 和 Tao 等人给出了观测矩阵 $\overline{\boldsymbol{\Phi}}$ 需满足的必要条件——受限等距性(restricted isometry property，RIP)[4]。

受限等距性简述为：给定矩阵 $\overline{\boldsymbol{\Phi}}\in \mathbf{R}^{M\times N}$，若存在一个常数 $\delta_K\in(0,1)$，使得对于任意 K 稀疏向量 $\boldsymbol{s}$ 满足如下关系：

$$(1-\delta_K)\|\boldsymbol{s}\|_2^2\leqslant\|\overline{\boldsymbol{\Phi}}\boldsymbol{s}\|_2^2\leqslant(1+\delta_K)\|\boldsymbol{s}\|_2^2 \tag{7.5}$$

则称矩阵 $\overline{\boldsymbol{\Phi}}$ 满足阶数为 K 的受限等距性。只要矩阵 $\overline{\boldsymbol{\Phi}}$ 满足 RIP 条件，那么信

号就可以由观测值经过重构算法精确地恢复出来。

事实上，除了一些特定性质的矩阵外，对一般观测矩阵$\overline{\boldsymbol{\Phi}}$进行 RIP 验证是非常困难的。因此它的等价条件——相干系数[3,5]被更加广泛地使用。相比于 RIP，矩阵的相干系数是更容易确定的量，定义为

$$\mu = \mu(\overline{\boldsymbol{\Phi}}) = \max_{1 \leqslant k,j \leqslant N, k \neq j} \frac{|\boldsymbol{\varphi}_k^{\mathrm{H}} \boldsymbol{\varphi}_j|}{\|\boldsymbol{\varphi}_k\|_2 \|\boldsymbol{\varphi}_j\|_2} \tag{7.6}$$

其中，$\boldsymbol{\varphi}_k$ 和 $\boldsymbol{\varphi}_j$ 代表$\overline{\boldsymbol{\Phi}}$中任意的两列。特别地，如果观测矩阵$\overline{\boldsymbol{\Phi}}$的列已被归一化处理，即$\|\boldsymbol{\varphi}_i\|_2=1, i\in[1,\cdots,N]$，则相干系数还可表示为

$$\mu = \mu(\overline{\boldsymbol{\Phi}}) = \max_{1 \leqslant k,j \leqslant N, k \neq j} |\boldsymbol{G}(k,j)| \tag{7.7}$$

其中，$\boldsymbol{G}=\overline{\boldsymbol{\Phi}}^{\mathrm{T}}\overline{\boldsymbol{\Phi}}$代表 Gram 矩阵，$\boldsymbol{G}(k,j)$代表 $\boldsymbol{G}$ 的第(k,j)个元素。

定理 7.2[6-7]　假定$\overline{\boldsymbol{\Phi}}$有归一化的列且相干系数 $\mu=\mu(\overline{\boldsymbol{\Phi}})$，如果稀疏信号 $\boldsymbol{s}$ 中非零元素的个数满足$\|\boldsymbol{s}\|_0\leqslant(1+\mu^{-1})/2$，则存在唯一的最稀疏解 $\boldsymbol{s}$ 使得 $\boldsymbol{y}=\overline{\boldsymbol{\Phi}}\boldsymbol{s}$。

上述结论都是在无噪假设的条件下给出的，实际系统中噪声的存在不可避免。对于有噪声情况下的稀疏重构问题，RIP 和矩阵相干系数的引入也同样为稳定重构提供了重要的理论支撑。这部分内容我们将在下一小节中结合具体的稀疏重构方法做进一步阐述。

7.3　常用稀疏重构方法

稀疏信号重构本质上可以认为是 l_0 范数约束下的最小化问题，然而直接求解 l_0 范数约束下的最小化问题是一个 NP-hard 问题[8]。为此，研究者们提出了一系列替代算法，这其中应用最广泛的包括三类：贪婪算法、凸优化算法以及迭代重加权最小二乘算法——FOCUSS(focal underdetermined system solver)。

1. FOCUSS 算法

FOCUSS 最早是由 Goronitsky 结合脑电逆问题提出来的，是一类加权迭代的最小二乘稀疏重构算法。作为信号处理技术，它的提出是为了克服最小二范数的 Moor-Penrose 伪逆法所固有的能量比较分散、分辨率较低的缺陷。FOCUSS 算法的核心思想是：采用一种“扶强抑弱”的策略，通过迭代步骤，利用前次所得的结果来构造加权函数，使得下次迭代得到的新结果能量更加集中。基本的 FOCUSS 算法在无噪条件下可以获得较好的局部最优解，然而当系统存在噪声时，则会严重放大噪声。目前，在信号处理领域应用最广的是其

改进算法——正则化 FOCUSS 算法，其约束代价函数为

$$f = \|\overline{\boldsymbol{\Phi}}\boldsymbol{s} - \boldsymbol{y}\|_2^2 + h\|\boldsymbol{W}_t^{-1}\boldsymbol{s}\|^p \tag{7.8}$$

其中，$\|\cdot\|_2$ 和 $\|\cdot\|^p$ 分别代表 l_2 和 $l_p(0<p\leqslant 1)$ 范数；h 为正则化参数；$\boldsymbol{W}_t$ 为基于前一次迭代结果的权值矩阵。正则化项 $\|\boldsymbol{W}_t^{-1}\boldsymbol{s}\|^p$ 的引入可以有效地抑制基本的 FOCUSS 算法中最小二乘解对噪声的放大。

正则化 FOCUSS 算法基本流程如表 7.1 所示。

表 7.1　正则化 FOCUSS 算法流程

输入：观测矩阵 $\overline{\boldsymbol{\Phi}}$，测量向量 $\boldsymbol{y}$，正则化参数 h
输出：$\boldsymbol{s}$ 的迭代估计值 $\hat{\boldsymbol{s}}$
步骤：
(1)初始化估计 $\hat{\boldsymbol{s}}^0 = \overline{\boldsymbol{\Phi}}^{\mathrm{T}}(\overline{\boldsymbol{\Phi}}\overline{\boldsymbol{\Phi}}^{\mathrm{T}})^{-1}\boldsymbol{y}$，迭代计数 $t=1$；
(2)更新权值矩阵 $\boldsymbol{W}_t = \mathrm{diag}\{\|\boldsymbol{s}^{t-1}(i)\|^{1-p/2}, i=1,\cdots,N\}$；
(3)更新系数估计 $\hat{\boldsymbol{s}}^t = \boldsymbol{W}_t\overline{\boldsymbol{\Phi}}_t^{\mathrm{T}}(\overline{\boldsymbol{\Phi}}_t\overline{\boldsymbol{\Phi}}_t^{\mathrm{T}} + h\boldsymbol{I})^{-1}\boldsymbol{y}$；
(4)增加迭代计数使 $t=t+1$；
(5)满足迭代终止条件，终止迭代，否则返回第(2)步。

正则化 FOCUSS 算法虽然可以获得稀疏解，但由于采用 l_p 范数约束，其全局最优性难以保证。特别地，当观测矩阵条件数过大或非零元素个数较多的情况下，正则化 FOCUSS 算法稳定性急剧下降，通常难以得到令人满意的估计结果。

2. 凸优化算法

为了保证算法的全局最优性，同时又能很好地逼近 l_0 范数，研究者们提出可以利用 l_1 范数构建稀疏性约束。由于 l_1 范数是唯一的凸代价函数，因此基于 l_1 范数约束的稀疏重构方法可以获得稳定的估计性能。目前，最小 l_1 范数这一约束条件已被广泛应用于稀疏逼近、信号恢复、统计学习和统计估计等各种领域，如表 7.2 所示。

表 7.2　常见的凸优化问题及应用

凸优化问题	常见描述	应用领域
$\min\|\boldsymbol{s}\|_1$ s. t. $\boldsymbol{y}=\overline{\boldsymbol{\Phi}}\boldsymbol{s}$	BP——基追踪	稀疏逼近
$\min\|\boldsymbol{s}\|_1$ s. t. $\|\boldsymbol{y}-\overline{\boldsymbol{\Phi}}\boldsymbol{s}\|_2\leqslant\varepsilon$	BPDN—基追踪去噪	去噪/信号恢复

续表

凸优化问题	常见描述	应用领域
$\min\|\boldsymbol{y}-\overline{\boldsymbol{\Phi}}\boldsymbol{s}\|_2 \text{ s. t. } \|s\|_1\leqslant\varepsilon_1$	LASSO/LARS—回归	统计学习
$\min\|\boldsymbol{s}\|_1 \text{ s. t. } \|\overline{\boldsymbol{\Phi}}^T(\boldsymbol{y}-\overline{\boldsymbol{\Phi}}\boldsymbol{s})\|_\infty\leqslant\varepsilon_2$	DS—Dantzig 选择子	统计估计

事实上，BP、BPDN 以及 LASSO 可等效为同一个无约束的凸优化问题：

$$\min_s\|(\boldsymbol{y}-\overline{\boldsymbol{\Phi}}s)\|_2+h\|\boldsymbol{s}\|_1 \tag{7.9}$$

Candes 和 Tao 等人利用观测矩阵的 RIP 和相干系数证明，在无噪条件下基于 l_1 范数约束的稀疏重构方法可以精确地重构信号，而在有噪声条件下也具有很好的重构稳定性。定理 7.3 至 7.5 给出了上面的结论。

定理 7.3(RIP 表述)[9]　对于无噪观测模型 $\boldsymbol{y}=\overline{\boldsymbol{\Phi}}\boldsymbol{s}$，如果受限等距常数满足 $\delta_{2K}<\sqrt{2}-1$，则基于 BP 方法的重构信号 $\boldsymbol{s}'$ 满足

$$\|s'-s\|_1\leqslant C_0\|s'-s_K\|_1 \tag{7.10}$$

$$\|s'-s\|_2\leqslant C_0K^{-1/2}\|s'-s_K\|_1 \tag{7.11}$$

其中，C_0 为常数，$\boldsymbol{s}_K$ 为已知 $\boldsymbol{s}$ 中 K 个大系数的位置和幅度后能够获得的最好稀疏逼近结果。

定理 7.3 证明 l_0 和 l_1 范数优化问题在下述意义上是等价的：

——如果 $\delta_{2K}<1$，则 l_0 范数问题有唯一的 K 稀疏解；

——如果 $\delta_{2K}<\sqrt{2}-1$，则 l_0 范数问题与 l_1 范数问题等价。此时，解凸优化问题得到的解也是精确的。

定理 7.4(RIP 表述)[9]　对于有噪观测模型 $\boldsymbol{y}=\overline{\boldsymbol{\Phi}}\boldsymbol{s}+\boldsymbol{n}$，如果受限等距常数满足 $\delta_{2K}<\sqrt{2}-1$，且 $\|\boldsymbol{n}\|_2\leqslant\varepsilon'$，则基于 BPDN 方法的重构信号 $\boldsymbol{s}'$ 满足

$$\|\boldsymbol{s}'-\boldsymbol{s}\|_2\leqslant C_0K^{-1/2}\|\boldsymbol{s}'-\boldsymbol{s}_K\|_1+C_1\varepsilon' \tag{7.12}$$

其中，C_0 和 C_1 均为常数。

定理 7.5(相干系数表示)[10]　对于有噪观测模型 $\boldsymbol{y}=\overline{\boldsymbol{\Phi}}\boldsymbol{s}+\boldsymbol{n}$，如果 $\boldsymbol{s}$ 中非零元素的个数 $K=\|s\|_0<(1/\mu+1)/4$，且 $\|n\|_2\leqslant\varepsilon'\leqslant\varepsilon$，则基于 BPDN 方法的重构信号 $\boldsymbol{s}'$ 满足

$$\|\boldsymbol{s}'-\boldsymbol{s}\|_2^2\leqslant\frac{(\varepsilon'+\varepsilon)^2}{1-\mu(4K-1)} \tag{7.13}$$

定理 7.4 和 7.5 说明，基于 l_1 范数约束的稀疏重构方法在一定范围内具有很好的稳定性，且随着噪声的减小，稳定性逐渐变好。

值得注意的是，虽然上述结论证明了 l_1 范数约束下的稀疏重构方法在某些条件下可以精确地重构信号，但 Fan 和 Li 等人却得出了不同的结论，他们指出 l_1 范数约束函数是无界的、不公平的约束，它对大系数的约束要大于小系数，因此会带来估计偏的问题[11]。这将在一定程度上制约算法的重构性能。为了克服这个缺点，一些改进的、统计上无偏的估计算法，如 SCAD[11]、Adaptive LASSO[12] 和 SELO[13] 等被相继提出。这些算法也为无偏重构带来了新的思路。

C. 贪婪算法

不同于正则化 FOCUSS 算法和凸优化算法，贪婪类算法大多不对信号的稀疏性进行约束，而是直接采用匹配的方式寻找稀疏解。贪婪算法的核心思想是：从空集开始，以迭代的方式不断地挑选与残差部分最相关的基向量加入到估计的稀疏向量支撑集中，直到达到终止条件。贪婪算法具有简单易实现、计算复杂度低、收敛速度快等特点，在压缩感知领域受到了很大的关注。目前代表性的贪婪类算法主要包括：匹配追踪算法（Matching pursuit，MP）[5]、正交匹配追踪算法（Orthogonal matching pursuit，OMP）[14] 以及迭代阈值算法（Iterative hard thresholding，IHT）[15]。其中 OMP 算法既体现了贪婪迭代的思想又体现了基向量正交化过程，最具有代表性，在信号处理领域也应用最广泛。表 7.3 给出了 OMP 算法的基本流程。

表 7.3　OMP 算法流程

输入：观测矩阵 $\overline{\boldsymbol{\Phi}}$，测量向量 $\boldsymbol{y}$，稀疏度 K
输出：$\boldsymbol{s}$ 的 K 稀疏逼近值 $\hat{\boldsymbol{s}}$，误差向量 $\boldsymbol{r}$
步骤：
1）初始化残差 $\boldsymbol{r}^0=\boldsymbol{y}$，索引集合 $\Lambda_0=\varnothing$，迭代计数 $t=1$；
2）找到索引 λ_t，使其满足 $\lambda_t=\arg\max\limits_{j=1,2,\cdots,N}\left\lvert\langle\boldsymbol{r}^{(t-1)},\boldsymbol{\varphi}_j\rangle\right\rvert$；
3）增加索引集合 $\Lambda_t=\Lambda_{t-1}\cup\{\lambda_t\}$；
4）找到最小二乘系数和残差，$s_{\lambda_t}=\langle\boldsymbol{r}^{(t)},\boldsymbol{\varphi}_{\lambda_t}\rangle$，$\boldsymbol{r}^{(t+1)}=\boldsymbol{r}^{(t)}-\langle\boldsymbol{r}^{(t)},\boldsymbol{\varphi}_{\lambda_t}\rangle\boldsymbol{\varphi}_{\lambda_t}$；
5）增加迭代计数使 $t=t+1$；
6）满足迭代终止条件终止迭代，否则返回第 2）步。

相比于 MP 方法，OMP 方法不仅收敛速度快、估计精度高，而且在某些条件下还可以精确地重构信号，定理 7.6 即给出了这个结论。

定理 7.6[16]　对于无噪观测模型 $\boldsymbol{y}=\overline{\boldsymbol{\Phi}}\boldsymbol{s}$，如果满足

$$\max_{\boldsymbol{\varphi}_k}\|\overline{\boldsymbol{\Phi}}_{\mathrm{opt}}^{\dagger}\boldsymbol{\varphi}_k\|<1 \tag{7.14}$$

其中，$\overline{\boldsymbol{\Phi}}_{\mathrm{opt}}$ 为对应于稀疏信号的最优表示；$\overline{\boldsymbol{\Phi}}_{\mathrm{opt}}^{\dagger}$ 表示 $\overline{\boldsymbol{\Phi}}_{\mathrm{opt}}$ 的伪逆；$\boldsymbol{\varphi}_k$ 为 $\overline{\boldsymbol{\Phi}}$ 中不参与 $\overline{\boldsymbol{\Phi}}_{\mathrm{opt}}$ 组成的基向量。则基于 OMP 算法能获得唯一的最稀疏解，并且获得的解与 l_1 范数解等效。

以上介绍的稀疏重构方法均基于单测量矢量（single measurement vector，SMV）。在实际的诸如医学成像、信道均衡、信源参数估计及分布式压缩感知等领域，经常是多测量矢量（multiple measurement vectors，MMV）下的稀疏重构问题[59]。MMV 下的稀疏表示模型为

$$\boldsymbol{Y}=\overline{\boldsymbol{\Phi}}\boldsymbol{S} \tag{7.15}$$

其中，$\boldsymbol{S}$ 为联合行稀疏矩阵，其各列之间具有完全相同的稀疏结构。

近年来，MMV 下的稀疏重构方法也涌现出了大量成员，主要包括 M-FOCUSS、RM-FOCUSS、M-OMP、M-ORMP、Group LASSO 以及 ISL0 方法等等[17-19]。相应地，无噪条件下 MMV 问题存在唯一解的充分条件也被给出，见定理 7.7。

定理 7.7[20]　无噪 MMV 模型 $\boldsymbol{Y}=\overline{\boldsymbol{\Phi}}\boldsymbol{S}$ 能唯一恢复出联合行稀疏矩阵 $\boldsymbol{S}$ 的充分必要条件是 $\boldsymbol{S}$ 中非零行数目满足

$$|\mathrm{supp}(\boldsymbol{S})|<\frac{\mathrm{Spark}(\overline{\boldsymbol{\Phi}})+\mathrm{rank}(\boldsymbol{Y})-1}{2} \tag{7.16}$$

其中，$\mathrm{rank}(\boldsymbol{Y})$ 表示数据矩阵 $\boldsymbol{Y}$ 的秩。

7.4　正则化参数选择方法

除贪婪类算法外，l_1 范数和 l_p 范数约束稀疏重构算法均涉及正则化参数的选择问题。可以说正则化参数 h 是影响算法重构性能的一个关键因素。过大的 h 取值会将非零元素压缩为零从而导致错误的估计，而过小的 h 取值则会因为不能将零值元素全部压缩为零而产生很多伪估计值。针对不同情况，选择合理的正则化参数对稀疏信号重构问题具有重要意义。目前正则化参数选择方法主要包括三种：差异原则（discrepancy principle）[21-22]、L 曲线方法（L-curve）[23-24]以及交叉验证 CV（cross-validation）[25-27]。

1. 差异原则

差异原则是一种基于先验选取的正则化参数选择方法，即对于形如观测模型 $\boldsymbol{y}=\overline{\boldsymbol{\Phi}}\boldsymbol{s}+\boldsymbol{n}$，如果已知数据 $\boldsymbol{y}$ 中所含噪声 $\boldsymbol{n}$ 的大小情况或者统计信息，那么正则化参数 $\boldsymbol{h}$ 就可以通过求解如下的最小化问题获得：

$$\varphi(h) = \operatorname{argmin}\|\boldsymbol{y}-\overline{\boldsymbol{\Phi}}\boldsymbol{s}_h\|_2^2 - E[\|\boldsymbol{n}\|_2^2] \tag{7.17}$$

其中，$\boldsymbol{s}_h$ 是正则化参数为 h 时获得的重构结果。

噪声统计信息已知的情况下差异原则可以提供稳健的正则化参数。但实际中噪声已知的情况往往很少，因此它的实际应用价值受到了一定程度上的限制。对于二次正则化稀疏重构问题，我们可以通过数值方法如 Newton 法和对分法来获得最优的正则化参数，然而当优化问题为非二次型（甚至是非凸的），那么正则化参数的选择就需要通过迭代的方式来确定，即先猜测一个 h 值，然后根据重构结果不断地调整 h 值直到获得最匹配的一个。

2. L 曲线法

L 曲线法是一种较为成熟的正则化参数选择方法。不同于差异原则，L 曲线法是一种基于后验选取的正则化参数选择方法。其基本思想是：在平面内，以 log-log 为尺度，绘制残差范数 $\|\boldsymbol{y}-\overline{\boldsymbol{\Phi}}\boldsymbol{s}_h\|_2^2$ 和正则化范数解 $\|\boldsymbol{s}_h\|_1$ 或 $\|\boldsymbol{s}_h\|^p$ 之间在一组正则化参数下所构成的曲线。由于拟合的曲线形状比较像字母 L（如图 7.1 所示），故命名为 L 曲线法。L 曲线上曲率最大的那点（即拐点）所对应的 h 值即为正则化参数的最优值。

3. 交叉验证

交叉验证是另一种基于后验选取的正则化参数选择方法，主要包括留一(leave-one-out)交叉验证、留 P(leave-P-out)交叉验证以及 V 折(V-fold)交叉验证。目前应用最广泛的是 V 折交叉验证，其基本思想是：对于某个正则化参数 h，将观测数据 y 均匀地分成 V 份，依次从 V 份数据 y 中拿出一份作为验证集，剩下的 $V-1$ 份作为训练集，最后合并所得 V 份上的测试结果，便得到了正则化参数为 h 下的 V 折交叉验证的 CV 值，表示为

$$\mathrm{CV}(h) = \frac{1}{V}\sum_{v=1}^{V}\|\boldsymbol{y}_v - \overline{\boldsymbol{\Phi}}_v\boldsymbol{s}_h\|_2^2 \tag{7.18}$$

其中，$\boldsymbol{y}_v$、$\overline{\boldsymbol{\Phi}}_v$ 分别对应于 $\boldsymbol{y}$ 和$\overline{\boldsymbol{\Phi}}$的第 v 个部分，$v=1,\cdots,V$；$\boldsymbol{s}_h$ 为由训练集在正则化参数为 h 下的重构结果。选择不同的 h 重复上述的交叉验证过程，并将使 CV 值最小的 h 作为最优的正则化参数。

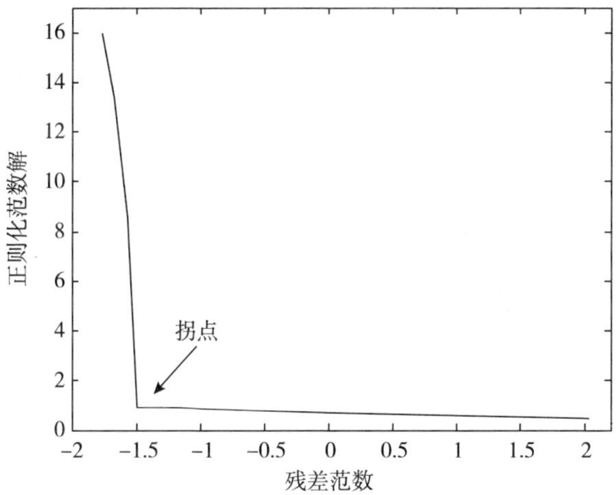

图 7.1　L 曲线

以上简单介绍了三种常用正则化参数的选择方法。需要说明的是，上述三种方法虽然可以提供稳定的正则化参数，但大多情况下都需要重复地选择不同的 h 值来确定最优参数，这将带来一定的计算负担。因此在具体的工程应用中，必须对其进行合理的改进。

7.5　各稀疏重构方法在信源定位中的适用性分析

稀疏重构方法能够应用于信源定位之中，是由阵列信号模型中隐含的信号传播的空间稀疏性所决定的。对于远场源定位问题，信源在角度域满足稀疏性，而对于近场源定位问题，信源则在角度域和距离域同时具稀疏性，如图 7.2 所示。

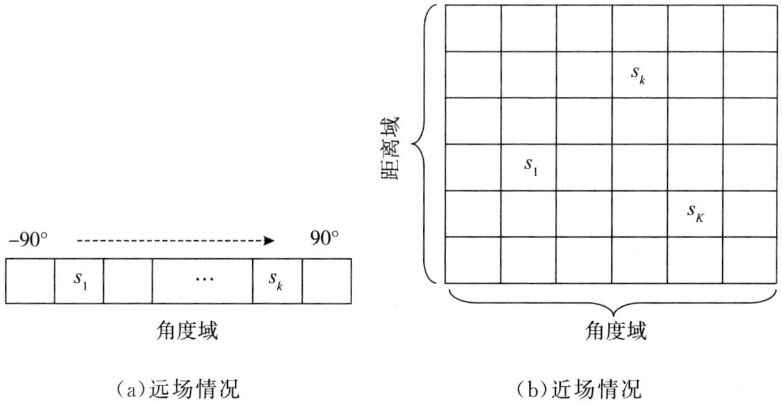

图 7.2　空域稀疏表示示意图

信源参数估计方法不仅要保证参数估计精度，同时还要保证其在噪声条件下的稳定性。目前，包括贪婪算法、FOCUSS算法和凸优化算法在内的各类稀疏重构方法均已被拓展至信源参数估计领域。本节将从仿真的角度对各类稀疏重构算法在信源参数估计中的适用性进行总体分析与评价，并将其作为重要依据指导后续的研究工作。

为了方便起见，本节仅考虑单快拍下的远场源定位问题。假设 K 个远场窄带不相关信号从不同的入射方向 θ_k 入射到由 $L(>K)$ 个阵元组成的均匀线阵。阵列接收模型如图7.3所示。以第一个阵元为相位参考点，阵列输出可表示为

$$\boldsymbol{y}(t)=\sum_{k=1}^{K}\boldsymbol{a}(\theta_k)s_k(t)+\boldsymbol{n}(t)=\boldsymbol{A}(\theta)\boldsymbol{s}(t)+\boldsymbol{n}(t) \tag{7.19}$$

其中，$\boldsymbol{s}(t)=[s_1(t),s_2(t),\cdots,s_K(t)]^{\mathrm{T}}$ 是零均值的信号向量；$\boldsymbol{n}(t)$ 是零均值，且与信号不相关的高斯白噪声；$\boldsymbol{A}(\theta)$ 代表 $L\times K$ 的阵列流型矩阵，其第 k 列代表第 k 个信号的导向矢量，表示为

$$\boldsymbol{a}(\theta_k)=[1,\mathrm{e}^{-\mathrm{j}2\pi d\sin\theta_k/\lambda},\cdots,\mathrm{e}^{-\mathrm{j}2\pi(L-1)d\sin\theta_k/\lambda}]^{\mathrm{T}} \tag{7.20}$$

λ 和 d 分别代表载波波长和阵元间距，为了避免相位模糊，通常 $d\leqslant\lambda/2$。

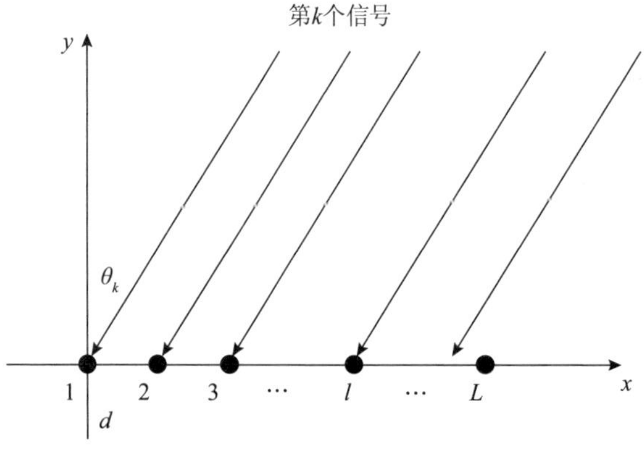

图7.3 均匀线性阵列下的远场源空间模型

假设集合 $\boldsymbol{\Theta}\triangleq\{\bar{\theta}_1,\bar{\theta}_2,\cdots,\bar{\theta}_N\}$ 构成的角度网格覆盖了所有可能的信号入射方向，则在稀疏表示框架下，式(7.19)可等效地写为

$$\boldsymbol{y}(t)=\bar{\boldsymbol{A}}(\boldsymbol{\Theta})\boldsymbol{s}_N(t)+\boldsymbol{n}(t) \tag{7.21}$$

其中，$\bar{\boldsymbol{A}}(\boldsymbol{\Theta})=[\boldsymbol{a}(\bar{\theta}_1),\cdots,\boldsymbol{a}(\bar{\theta}_N)]$，$\boldsymbol{s}_N(t)=[\bar{s}_1(t),\cdots,\bar{s}_N(t)]^{\mathrm{T}}$ 为 K 稀疏的信号向量，当且仅当 $\bar{\theta}_i=\theta_k$ 时，$\bar{s}_i(t)$ 不为零且等于 $s_k(t)$。

直接基于式(7.21)进行稀疏重构并寻找到非零元素的位置及大小，即可

得到信源信号的 DOA 和功率参数估计。然而由于基向量(或原子)相干性和实际噪声的存在,并不是所有的稀疏重构方法都能保证足够好的估计精度和稳定性。下面将通过仿真实验来更直观地证明这一结论。

实验中,阵元数和信源数分别为 $L=8$ 和 $K=2$,阵元间距 $d=\lambda/2$,信号入射角度分别为 $\theta_1=-10°$,$\theta_2=30°$,信号功率为 $P_1=P_2=1\text{W}$。分别采用贪婪算法(MP 和 OMP 算法)、正则化 FOCUSS 算法(ℓ_p 范数约束算法)和凸优化算法(BPDN 算法)进行稀疏重构。

仿真实验 1:有效性分析

在空间以 0.5°间隔对角度域(−90°～90°)进行粗网格划分,信噪比 SNR=20 dB 下的空间谱输出如图 7.4 所示。每个算法均进行 10 次独立的 Monte Carlo 实验。如图 7.4 所示,上述四种算法在高 SNR 下均是有效的。但相比于其他三种算法,BPDN 算法无论是在 DOA 估计还是在功率估计方面都呈现出了明显的优势。

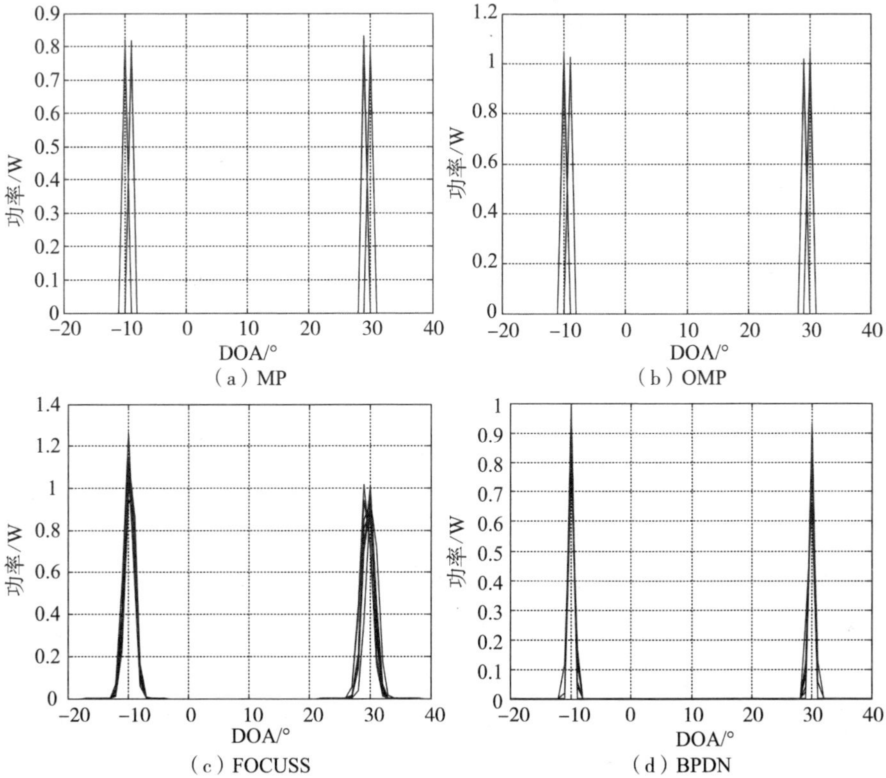

(a) MP　(b) OMP

(c) FOCUSS　(d) BPDN

图 7.4　SNR=20 dB 下不同重构算法的空间谱输出

仿真实验 2:稳定性分析

对噪声的稳定性:在空间以 0.5°间隔对角度域(−90°～90°)进行粗网格划分,信噪比 SNR=0 dB 下的空间谱输出如图 7.5 所示。可以看出,由于受噪声和基向量相关性的影响,贪婪方法和正则化 FOCUSS 算法产生了较大的 DOA 估计偏差,而 BPDN 算法则对噪声具有更好的稳定性能。

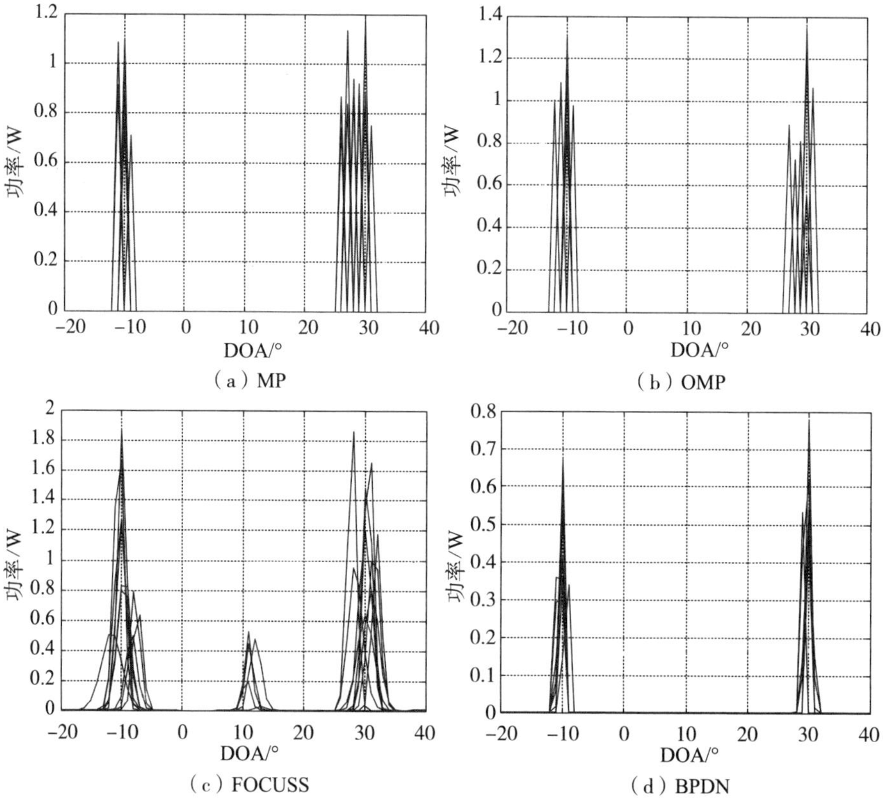

图 7.5　SNR=0 dB 下不同重构算法的空间谱输出

对网格划分的稳定性:为了保证算法的估计精度,往往需要对网格进行局部精细划分。为此我们在空间以 0.1°间隔对局部角度域(−20°～40°)进行细网格划分,信噪比 SNR=20 dB 下的空间谱输出如图 7.6 所示。

观察图 7.6 可知,BPDN 算法在网格细划分下估计精度和稳定性最好。相对比地,FOCUSS 算法稳定性最差,这是由于 FOCUSS 算法在迭代过程中需要进行观测矩阵的伪逆运算,网格的精细划分会使观测矩阵条件数过大进而导致算法稳定性难以保证。

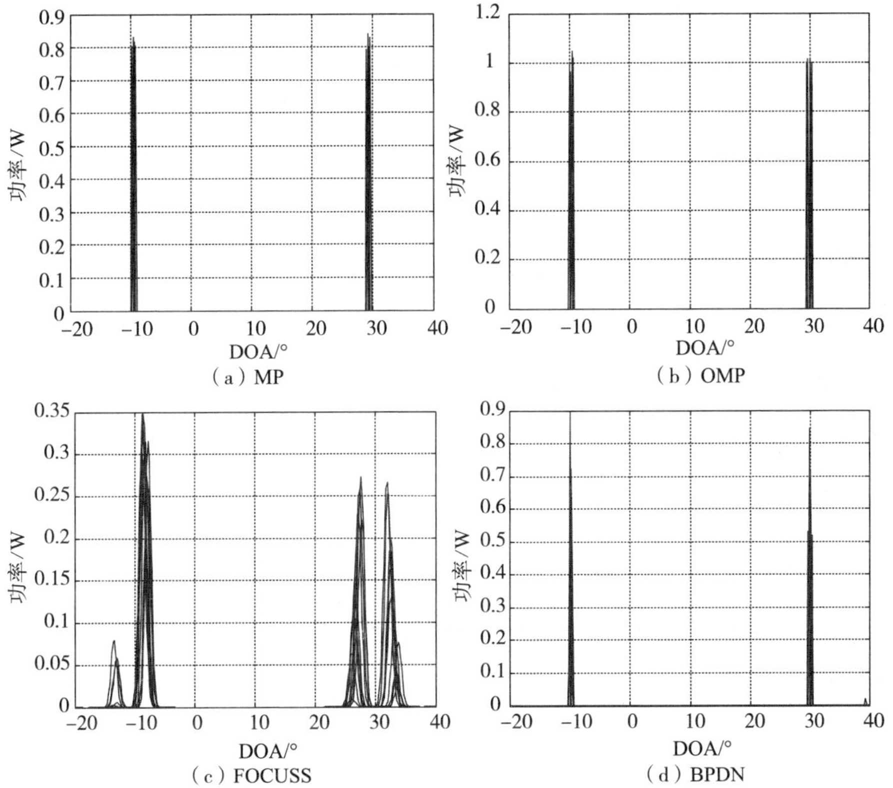

（a）MP　（b）OMP　（c）FOCUSS　（d）BPDN

图 7.6　网格局部细划分下不同重构算法的空间谱输出

结论：综上可以发现，凸优化类算法由于全局最优性可以得到保证，因此具有更好的估计精度和稳定性。但值得注意的是，BPDN 或直接 l_1 范数约束的凸优化算法并不是完美的，也存在一定的问题，主要为：①l_1 范数约束不是公平的约束，其对大系数的约束要大于小系数，导致算法在统计上是有偏的；②计算复杂度较高，难以应用于信源数较多或网格数很大的情况。

基于以上分析与比较，本章将主要在凸优化理论框架下研究基于稀疏重构的阵列信号定位参量估计问题，并从稀疏表示模型和重构方法两方面克服现有 BPDN 或直接 l_1 范数约束的稀疏重构算法中存在的共性问题，最后实现基于稀疏重构的阵列信号鲁棒高效的多参数估计。

7.6　习题

(1)对于 DOA 估计而言，空间网格划分大小对重构性能的影响有哪些？

(2)基于压缩感知理论分析,对于 DOA 估计而言,若不考虑噪声影响,各类稀疏重构方法是否可以获得精确的估计值？为什么？

(3)为什么 ℓ_0 范数约束下的最小化问题是一个 NP-hard 问题而 ℓ_1 范数不是？

(4)选定两种以上的稀疏重构/压缩感知算法进行仿真对比分析,并分组进行讨论。

参考文献

[1] DUARTE M F,DAVENPORT M A,TAKHAR D. Single-pixel imaging via compressive sampling [J]. IEEE Signal Processing Magazine,2008,25(2):83-91.

[2] 孙林慧.语音压缩感知关键技术研究[D].南京:南京邮电大学,2012.

[3] DONOHO D, ELAD M. Optimally sparse representation in general (nonorthogonal) dictionaries via ℓ_1 minimization [J]. Proceedings of the National Academy of Sciences of the United States of America,2003,100(5):2197-2202.

[4] CANDÈS E J, TAO T. Decoding by linear programming [J]. IEEE Transactions on Information Theory,2005,51(12):4203-4215.

[5] MALLAT S G,ZHANG Z. Matching pursuits with time-frequency dictionaries [J]. IEEE Transactions on Signal Processing,1993,41(12):3397-3415.

[6] ELAD M,BRUCKSTEIN A M. A generalized uncertainty principle and sparse representation in pairs of $\Re^N$ bases [J]. IEEE Transactions on Information Theory,2002,49(9):2558-2567.

[7] GRIBONVAL R,NIELSEN M. Sparse representation in unions of bases [J]. IEEE Transactions on Information Theory, 2003, 49 (12): 3320-3325.

[8] NATARAJAN B K. Sparse approximate solutions to linear systems [J]. SIAM Journal on Computing,1995,24(2):227-234.

[9] CANDÈS E J. The restricted isometry property and its implications for

compressed sensing [J]. Comptes Redus Matematique,2008,346(9-10):589-592.

[10] DONOHO D L,ELAD M,TEMLYAKOV V. Stable recovery of sparse overcomplete representation in the presence of noise [J]. IEEE Transactions on Information Theory,2006,52 (1):6-18.

[11] FAN J,LI R. Variable selection via nonconcave penalized likelihood and its oracle properties [J]. Journal of the American Statistical Association,2001,96 (456):1348-1360.

[12] ZOU H. The adaptive lasso and its oracle properties [J]. Journal of the American Statistical Association,2006,101 (476):1418-1429.

[13] DICKER L,HUANG B,LIN X. Variable selection and estimation with the seamless-ℓ_0 penalty [J]. Statistica Sinica,2013,23,929-962.

[14] PATI Y,REZAIIFAR R,KRISHNAPRASAD P. Orthogonal matching pursuit:Recursive function approximation with applications to wavelet decomposition [C]. Proceedings of the IEEE Conference on Signals, Systems and Computers,1993,27,40-44.

[15] DAI W, MILENKOVIC O. Subspace pursuit for compressive sensing signal reconstruction [J]. IEEE Transactions on Information Theory, 2009,55(5):2230-2249.

[16] TROPP J A. Greed is good:algorithmic results for sparse approximation [J]. IEEE Transactions on Information Theory, 2004, 50(10): 2231-2242.

[17] COTTER S F,RAO B D,ENGAN K,et al. Sparse solution to linear inverse problems with multiple measurement vectors [J]. IEEE Transactions on Signal Processing,2005,53 (7):2477-2488.

[18] WANG H,LENG C. A note on adaptive group lasso [J]. Computational Statistics & Data Analysis,2008,52,5277-5286.

[19] HYDER M M, MAHATA K. A robust algorithm for joint-sparse recovery [J]. IEEE Signal Processing Letters,2009,16(12):1091-1094.

[20] DAVIS M,ELDAR Y C. Rank awareness in joint sparse recovery [J]. IEEE Transactions on Information Theory,2012,58(2):1135-1146.

[21] KARL W C. Regularization in image restoration and reconstruction [M]. Hand book of Image and Video Processing, Academic Press, 2000.

[22] MOROZOV V A. On the solution of functional equations by the method of regularization [C]. Soviet Math. Dokl, 1966, 7(1): 414-417.

[23] HANSEN P C. Analysis of discrete ill-posed problems by means of the L-curve. SIAM Review, 1992, 34(4): 561-580.

[24] HANSEN P C. The L-curve and its use in the numerical treatment of inverse problems [M]. IMM, Department of Mathematical Modelling, Technical University of Denmark, 1999.

[25] SHAO J. Linear model selection by cross-validation. Journal of the American Statistical Association, 1993, 88(422): 486-494.

[26] ARLOT S, CELISSE A. A survey of cross-validation procedures for model selection. Statistics Surverys, 2010, 4, 40-79.

[27] 家会臣,靳竹萱,李济洪. Logistic 模型选择中三种交叉验证策略的比较[J]. 太原师范学院学报(自然科学版), 2012, 11(1): 87-90.

第 8 章　基于稀疏重构的远场源 DOA 和功率参数估计算法

远场源定位是近场源/远近场混合源定位的特例，因此本章先研究基于稀疏信号重构的高性能 DOA 和功率估计算法，为后续的研究奠定基础。目前，稀疏重构方法已广泛应用于远场源 DOA 估计中，与传统子空间方法相比，基于稀疏重构的 DOA 估计方法的突出优点是分辨率高、抗噪声能力强，尤其是针对空间相距很近的信源，其估计性能优势明显。稀疏信号重构本质上可认为是 ℓ_0 范数约束下的优化问题，然而直接的 ℓ_0 范数优化问题已被证明是一个 NP 组合问题，并且对噪声非常敏感(因为任何微小的噪声都会严重改变零值元素的数量)。为此，国内外学者提出了很多适用于远场源 DOA 估计的改进方法，其中最具有代表性、估计性能最好的是多测量矢量 MMV 下的 ℓ_1 范数约束稀疏重构方法。由于利用观测数据的群稀疏性(group sparsity)，这些方法也可统一称为 Group LASSO 方法。典型基于 ℓ_1 范数约束或 Group LASSO 的 DOA 估计方法包括 ℓ_1-SVD 方法、ℓ_1-SRACV 方法以及 SPICE 方法等等。然而直接的 LASSO 或 Group LASSO 方法在统计上已被证明是有偏的、不一致的估计，它会因约束不公平(约束大的系数比小的系数强)而制约算法的估计性能。同时，该类方法目前大多只适用于噪声方差已知或可估计的高斯白噪声，当系统内噪声是其他类型噪声，如未知色噪声、未知非均匀噪声等时，该类算法往往由于不能合理地选择正则化参数而使估计性能下降甚至失效。另外值得注意的是上述基于 ℓ_1 范数约束的群稀疏重构方法的计算复杂度会受到信源数或阵元数的三次方倍影响，这将在一定程度上制约算法的实用性。

针对上述情况，本章通过求和平均运算和向量化操作在二阶统计量域构建稀疏向量观测模型，将时域多快拍下的 MMV 问题转化为二阶统计量域的虚拟单测量矢量(VSMV)问题，并分别基于 ℓ_0 范数逼近和 Adaptive LASSO 提出了高斯白噪声、未知非均匀噪声及未知色噪声下的高分辨率、强噪声鲁棒性的 DOA 和功率估计新算法，不仅改善了现有 LASSO 或 Group LASSO 方法估计偏的问题，而且使算法的计算复杂度不再受信源数或阵元数的影响。

8.1 高斯白噪声下的DOA和功率估计

本节首先介绍一种新的基于 ℓ_0 范数逼近的稀疏重构方法,该重构方法利用 TLP(truncated ℓ_1 function)[1] 和 DC(difference of convex function)[2-3] 分解理论将 ℓ_0 范数约束下的非凸非平滑优化问题转化为迭代的加权 ℓ_1 范数约束下的凸优化问题,并从理论上证明新算法可以获得改进的重构性能。其次在二阶统计量域通过求和平均运算构建稳健的稀疏向量观测模型,在有效地抑制噪声的同时,还将显著地降低算法的计算复杂度。最后将新的重构算法与新的稀疏向量模型结合,获得了稳健的 DOA 和功率参数估计。

8.1.1 TLP 和 DC 分解理论

考虑在过完备基$\overline{\boldsymbol{\Phi}}$下寻找线性系统的最稀疏表示问题。为方便起见,令 $\boldsymbol{s}$ 代表 $N\times 1$ 的 K 稀疏待重构稀疏向量,$\|\boldsymbol{s}\|_0$ 为表征 $\boldsymbol{s}$ 中非零元素个数的 ℓ_0 范数。则关于 $\boldsymbol{s}$ 的最稀疏表示的解可通过如下最小化问题获得:

$$\min\{\|\boldsymbol{y}-\overline{\boldsymbol{\Phi}}\boldsymbol{s}\|_2+h\|\boldsymbol{s}\|_0\} \tag{8.1}$$

其中,$\boldsymbol{s}\in\mathbf{R}^N$;$h$ 是权衡 ℓ_2 范数项和 ℓ_0 范数项的正则化参数。如前所述,式(8.1)是一个 NP 组合问题,难以获得稳健的解。

作为替代,本节将采用 TLP 来逼近 ℓ_0 范数。TLP 定义为

$$J(|\boldsymbol{s}|)=\min(|\boldsymbol{s}|/\tau,1) \tag{8.2}$$

其中,$\tau>0$ 是调整参数,用于控制逼近 ℓ_0 范数的程度。在具体的应用中,参数 τ 必须调整为 $\tau<\widehat{s}_{\min}=\min\{s_i|s_i\neq 0,i\in[1,\cdots,N]\}$以使利用截断 ℓ_1 函数逼近 ℓ_0 范数的误差为零。利用函数 $J(\cdot)$去替代 ℓ_0 函数,则式(8.1)的逼近表示式为

$$\min\{\|\boldsymbol{y}-\overline{\boldsymbol{\Phi}}\boldsymbol{s}\|_2+h\sum_{i=1}^{N}J(|s_i|)\} \tag{8.3}$$

正如 ℓ_0 范数约束下的优化问题,式(8.3)也是一个非凸最小化过程,通常难以获得稳定的解析解。为此,本节采用一种统计上处理非凸优化问题较为成熟的方法,即 DC 分解来解决式(8.3)的求解问题。DC 分解理论的核心思想是将一个非凸(可能还是非平滑)的代价函数分解为

$$S(\boldsymbol{s})=S_1(\boldsymbol{s})-S_2(\boldsymbol{s}) \tag{8.4}$$

其中,$S_1(\boldsymbol{s})$和 $S_2(\boldsymbol{s})$是下半连续,$\mathbf{R}^N$ 上的凸函数。这里我们分别定义它们为

$$S_1(\boldsymbol{s}) = \|\boldsymbol{y} - \overline{\boldsymbol{\Phi}}\boldsymbol{s}\|_2 + h\sum_{i=1}^{N} J_1(|s_i|) \tag{8.5}$$

$$S_2(\boldsymbol{s}) = h\sum_{i=1}^{N} J_2(|s_i|) \tag{8.6}$$

$$J_1(|s_i|) = |s_i|/\tau \tag{8.7}$$

$$J_2(|s_i|) = \max(|s_i|/\tau - 1, 0) \tag{8.8}$$

$\tau=1$ 时的截断 ℓ_1 函数 J 和差分后的凸函数 J_1、J_2 如图 8.1 所示。作为对比，ℓ_0 和 ℓ_1 范数约束函数如图 8.2 所示。可以看到，直接的 ℓ_1 范数约束是无界的，从而可能导致一定的估计偏差，而截断 ℓ_1 函数约束是有界的，因此在实施中可以通过动态地调整 τ 值有效地解决 BPDN 或 LASSO 估计偏的问题。

基于 DC 分解，$S(\boldsymbol{s})$的上界逼近即可通过迭代获得。也就是说，$S(\boldsymbol{s})$的第 m 次迭代逼近为

$$S^{(m)}(\boldsymbol{s}) = S_1(\boldsymbol{s}) - [S_2(\hat{\boldsymbol{s}}^{(m-1)}) + (|\boldsymbol{s}| - |\hat{\boldsymbol{s}}^{(m-1)}|)^{\mathrm{T}} \nabla S_2(|\hat{\boldsymbol{s}}^{(m-1)}|)] \tag{8.9}$$

式(8.9)中，$\nabla S_2(\boldsymbol{s})$代表 $S_2(\boldsymbol{s})$在$|\boldsymbol{s}|$处的梯度。

当忽略与 $\boldsymbol{s}$ 不相关的项 $S_2(\hat{\boldsymbol{s}}^{(m-1)}) - \dfrac{h}{\tau}\sum_{i=1}^{N}|\hat{s}_i^{(m-1)}|I(|\hat{s}_i^{(m-1)}| > \tau)$ 后，优化问题(8.3)就转变为如下迭代最小化问题：

$$\min\left\{\|\boldsymbol{y} - \overline{\boldsymbol{\Phi}}\boldsymbol{s}\|_2 + \frac{h}{\tau}\sum_{i=1}^{N}|s_i|I(|\hat{s}_i^{(m-1)}| \leqslant \tau)\right\} \tag{8.10}$$

式(8.10)中，$I(\cdot)$代表指示函数，表示为

$$\begin{cases} I(|\hat{s}_i^{(m-1)}| > \tau) = 0 \\ I(|\hat{s}_i^{(m-1)}| \leqslant \tau) = 1 \end{cases} \tag{8.11}$$

值得注意的是，如果受噪声影响或样本不足而导致 $\boldsymbol{s}$ 中的零值元素在初始估计中没有被完全压缩为满足$|\hat{s}^{(0)}(i)| \leqslant \tau$ 的条件，那么相对应的权值或约束参数将变为 0，这意味着这些元素在后续的迭代中将不再被约束。因此，合理的调整参数 τ 和初始估计是十分必要的。为了改善算法的稳健性并保证在初始估计中满足$|\hat{s}^{(0)}(i)| \leqslant \tau$ 的元素在最终的估计结果中不严格地压缩为 0。我们在指示函数中引入参数 $\lambda > 0$，即

$$\begin{cases} I(|\hat{s}_i^{(m-1)}| > \tau) = \lambda \\ I(|\hat{s}_i^{(m-1)}| \leqslant \tau) = 1 \end{cases} \tag{8.12}$$

然而，参数 λ 必须设置为是远小于 1 的值以保证式(8.10)依然是 ℓ_0 范数

约束优化问题的良好逼近。目前，领域内针对稳定参数的选择还没有很好的策略，本节借鉴 JLZA[4] 和重加权 ℓ_1 范数最小化方法[5] 中的策略，通过大量仿真得到较为合理的稳定参数值，即经验上，$\lambda=0.01$ 是一个很好的选择。

伴随着 TLP、DC 分解以及参数 λ 的引入，ℓ_0 范数约束下的优化问题(8.1)可进一步近似等效为如下加权 ℓ_1 范数约束优化问题：

$$\min\{\|\boldsymbol{y}-\overline{\boldsymbol{\Phi}}\boldsymbol{s}\|_2+h\|\boldsymbol{W}^{(m-1)}\boldsymbol{s}\|_1\} \tag{8.13}$$

式(8.13)中，$\boldsymbol{W}^{(m-1)}=\mathrm{diag}\{w_1,\cdots,w_N\}$，且它的第$(i,i)$个元素 w_i 满足

$$w_i=\begin{cases}\dfrac{1}{\tau}, & |\hat{s}_i^{(m-1)}|\leqslant\tau\\[2ex] \dfrac{\lambda}{\tau}, & \text{其他}\end{cases} \tag{8.14}$$

注意到式(8.13)已转变成了非零权值下的凸优化问题，因此它的全局最优性可以得到保证，并且全局最优解可以通过凸优化工具包（如 SeDuMi[6]、CVX[7]）很容易得到。

通过拉格朗日乘子法（Lagrange multipliers），式(8.13)可以等价地表示为如下的约束形式：

$$\min\|\boldsymbol{W}^{(m-1)}s\|_1\ \text{s.t.}\ \|y-\overline{\boldsymbol{\Phi}}s\|_2\leqslant\eta \tag{8.15}$$

其中，η 为对应于 h 的新正则化参数。

定理 8.1 假定函数 S 的 DC 分解为 $S(\boldsymbol{s})=S_1(\boldsymbol{s})-S_2(\boldsymbol{s})$，$S_1(\boldsymbol{s})$ 和 $S_2(\boldsymbol{s})$ 为 $\mathbf{R}^N$ 上下半连续的凸函数，且 $\mathrm{dom}\ S_1\subset\mathrm{dom}\ S_2$。则有：① 序列 $\{\boldsymbol{s}^{(m)}\}_{m\in\mathbf{N}}$ 已被很好地定义或等效的有 $\mathrm{dom}\ \partial S_1\subset\mathrm{dom}\ \partial S_2$；② 目标函数序列值 $\{S_1(\boldsymbol{s}^{(m)})-S_2(\boldsymbol{s}^{(m)})\}_{m\in\mathbf{N}}$ 是单调递减的；(3) 如果 S 的最小值是有限的并且序列 $\{\boldsymbol{s}^{(m)}\}_{m\in\mathbf{N}}$ 是有界的，则每一个极限点都是 $S_1(\boldsymbol{s})-S_2(\boldsymbol{s})$ 的临界点。

定理 8.1 指出，随着迭代的进行，目标代价函数 S 的值是逐渐减小的，因此算法的收敛性可以得到保证。值得说明的是，定理 8.1 已被 P. Tao 和 G. Gasso 等人证明，我们提请各位读者见本章参考文献[3]和[7]。

定理 8.2 考虑一个在过完备基 $\overline{\boldsymbol{\Phi}}$ 下的稀疏表示系统 $\boldsymbol{y}=\overline{\boldsymbol{\Phi}}\boldsymbol{s}_0+\boldsymbol{n}$。令 $M(\overline{\boldsymbol{\Phi}})$ 和$\hat{\boldsymbol{s}}^{(m)}$ 分别代表过完备基的互相关系数和由式(8.15)获得的估计结果，$M=M(\overline{\boldsymbol{\Phi}})=\max\limits_{i\neq j}|\mathrm{Re}\{\boldsymbol{G}(i,j)\}|$，$\boldsymbol{G}=\overline{\boldsymbol{\Phi}}^{\mathrm{H}}\overline{\boldsymbol{\Phi}}$。假定调整参数$\lambda$ 选择合理并且噪声受限于 ε，即 $0<\tau<\min\{\boldsymbol{s}_0(\zeta^c)\}$，$\|\boldsymbol{n}\|_2\leqslant\varepsilon$，$\|\boldsymbol{y}-\overline{\boldsymbol{\Phi}}\boldsymbol{s}\|_2\leqslant\eta$，$\eta\geqslant\varepsilon$。如果由式(8.15)获得的对应于第 $m-1$ 次迭代的估计结果满足 $\zeta=\zeta'$（或者概率

$p(\zeta=\zeta')\rightarrow 1)$，其中 ζ 代表 $\boldsymbol{s}_0$ 中零元素位置的集合，ζ^c 代表 ζ 的补集，ζ'：$\{i_1 \mid |\hat{\boldsymbol{s}}^{(m-1)}(i_1)| \leqslant \tau, i_1 \in \{1,2,\cdots,N\}\}$，则在满足 $K<(1/M+1)/4$ 的条件下，由式(8.15)获得的对应于第 m 次迭代的估计误差受限于

$$\|\hat{\boldsymbol{s}}^{(m)}-\boldsymbol{s}_0\|_2^2 \leqslant \frac{\Delta^2}{1+M(1-K(1+\lambda)^2)} \tag{8.16}$$

其中，$K=\|\boldsymbol{s}_0\|_0$ 代表 $\boldsymbol{s}_0$ 中非零元素的个数；$\Delta=\varepsilon+\eta$。

证明：对于式(8.15)的优化问题，当调整参数选择合理并且噪声是受限的，即 $0<\tau<\min\{\boldsymbol{s}_0(\zeta^c)\}$，$\|\boldsymbol{n}\|_2\leqslant\varepsilon$，$\|\boldsymbol{y}-\overline{\boldsymbol{\Phi}}\boldsymbol{s}\|_2\leqslant\eta$，$\eta\geqslant\varepsilon$，则由式(8.15)获得的对应于第 m 次迭代的估计结果 $\hat{\boldsymbol{s}}^{(m)}$ 可通过推导如下的优化问题获得：

$$\begin{cases}\hat{\boldsymbol{s}}^{(m)}=\operatorname{argmin}_s\|\boldsymbol{W}^{(m-1)}\boldsymbol{s}\|_1\\ \text{s.t. } \|\boldsymbol{y}-\overline{\boldsymbol{\Phi}}\boldsymbol{s}\|_2\leqslant\eta\\ \boldsymbol{y}=\overline{\boldsymbol{\Phi}}\boldsymbol{s}_0+\boldsymbol{n}, \|\boldsymbol{n}\|_2\leqslant\varepsilon, \|\boldsymbol{s}_0\|_0\leqslant K\end{cases} \tag{8.17}$$

定义误差项为 $\vartheta=\hat{\boldsymbol{s}}^{(m)}-\boldsymbol{s}_0$，以及 $\nu=\boldsymbol{s}-\boldsymbol{s}_0$，则上述优化问题可重新写为

$$\begin{aligned}&\vartheta=\operatorname{argmin}_\nu\|\boldsymbol{W}^{(m-1)}(\nu+\boldsymbol{s}_0)\|_1\\ &\text{s.t. } \|\overline{\boldsymbol{\Phi}}\nu-\boldsymbol{n}\|_2\leqslant\eta, \|\boldsymbol{n}\|_2\leqslant\varepsilon, \|\boldsymbol{s}_0\|_0\leqslant K\end{aligned} \tag{8.18}$$

在上面的约束条件下，如果 ϑ 是 $\|\boldsymbol{W}^{(m-1)}(\nu+\boldsymbol{s}_0)\|_1$ 的最小值，并且 $\eta\geqslant\varepsilon$，则一定有 $\|\boldsymbol{W}^{(m-1)}(\vartheta+\boldsymbol{s}_0)\|_1\leqslant\|\boldsymbol{W}^{(m-1)}\boldsymbol{s}_0\|_1$（因为 $\nu=\boldsymbol{0}$ 不是一个可行解）。于是，我们只需考虑如下的简化优化问题：

$$\begin{cases}\vartheta \mid \|\boldsymbol{W}^{(m-1)}(\vartheta+\boldsymbol{s}_0)\|_1\leqslant\|\boldsymbol{W}^{(m-1)}\boldsymbol{s}_0\|_1,\\ \|\overline{\boldsymbol{\Phi}}\vartheta-\boldsymbol{n}\|_2\leqslant\eta, \|\boldsymbol{n}\|_2\leqslant\varepsilon, \|\boldsymbol{s}_0\|_0\leqslant K\end{cases} \tag{8.19}$$

通过消除噪声项 $\boldsymbol{n}$，上面的约束可被释放为

$$\{\vartheta \mid \|\overline{\boldsymbol{\Phi}}\vartheta-\boldsymbol{n}\|_2\leqslant\eta \;\&\; \|\boldsymbol{n}\|_2\leqslant\varepsilon\}\subseteq\{\vartheta \mid \|\overline{\boldsymbol{\Phi}}\boldsymbol{\vartheta}\|_2\leqslant\eta+\varepsilon\} \tag{8.20}$$

定义 $\Delta=\eta+\varepsilon$，$\boldsymbol{G}=\overline{\boldsymbol{\Phi}}^{\mathrm{H}}\,\overline{\boldsymbol{\Phi}}$，则可行域可被扩展为

$$\|\overline{\boldsymbol{\Phi}}\vartheta\|_2^2=\vartheta^{\mathrm{T}}\boldsymbol{G}\vartheta\leqslant\Delta^2 \tag{8.21}$$

相继地，约束(8.21)可进一步被释放为

$$\begin{aligned}\Delta^2 &\geqslant\vartheta^{\mathrm{T}}\boldsymbol{G}\vartheta=\|\vartheta\|_2^2+\vartheta^{\mathrm{T}}(\boldsymbol{G}-\boldsymbol{I}_N)\vartheta\\ &=\|\vartheta\|_2^2+\vartheta^{\mathrm{T}}(\mathrm{Re}\{\boldsymbol{G}\}-\boldsymbol{I}_N)\vartheta\\ &\geqslant\|\vartheta\|_2^2-|\vartheta|^{\mathrm{T}}|\mathrm{Re}\{\boldsymbol{G}\}-\boldsymbol{I}_N||\vartheta|\\ &\geqslant\|\vartheta\|_2^2-M|\vartheta|^{\mathrm{T}}|\boldsymbol{1}-\boldsymbol{I}_N||\vartheta|\\ &=(1+M)\|\vartheta\|_2^2-M\|\vartheta\|_1^2\end{aligned} \tag{8.22}$$

其中，$\mathbf{1}$ 代表所有元素均为 1 的 $N\times N$ 矩阵；$\boldsymbol{I}_N$ 为 $N\times N$ 的单位矩阵。

作为一个等价的形式，式(8.17)可被重新表示为

$$\begin{aligned}&\boldsymbol{z}^{(m)}=\operatorname{argmin}_z\|\boldsymbol{z}\|_1\\&\text{s.t. }\|\boldsymbol{y}-\overline{\boldsymbol{\Phi}}(\boldsymbol{W}^{(m-1)})^{-1}\boldsymbol{z}\|_2\leqslant\eta\\&\boldsymbol{y}=\overline{\boldsymbol{\Phi}}(\boldsymbol{W}^{(m-1)})^{-1}\boldsymbol{z}_0+\boldsymbol{n},\|\boldsymbol{n}\|_2\leqslant\varepsilon,\|\boldsymbol{z}_0\|_0\leqslant K\end{aligned}\tag{8.23}$$

其中，$\boldsymbol{s}=(\boldsymbol{W}^{(m-1)})^{-1}\boldsymbol{z}$，$\boldsymbol{s}_0=(\boldsymbol{W}^{(m-1)})^{-1}\boldsymbol{z}_0$。

令 $\vartheta'=(\boldsymbol{W}^{(m-1)})\vartheta$，由于凸优化解的唯一性，一定有

$$\|\vartheta'+\boldsymbol{z}_0\|_1-\|\boldsymbol{z}_0\|_1<0\tag{8.24}$$

对式(8.24)进行展开得

$$\sum_{k_1\in\zeta}|\vartheta'(k_1)|+\sum_{k_2\in\zeta^c}(|\vartheta'(k_2)+\boldsymbol{z}_0(k_2)|-|\boldsymbol{z}_0(k_2)|)<0\tag{8.25}$$

其中，ζ 代表 $\boldsymbol{s}_0$ 中零值元素位置的集合，ζ^c 为 ζ 的补集。

注意到 $|\vartheta'(k_2)+\boldsymbol{z}_0(k_2)|-|\boldsymbol{z}_0(k_2)|\geqslant-|\vartheta'(k_2)|$，所以可以得到如下的关系：

$$\sum_{k_1\in\zeta}|\vartheta'(k_1)|<\sum_{k_2\in\zeta^c}|\vartheta'(k_2)|\tag{8.26}$$

如果由式(8.15)获得的对应于第 $m-1$ 次迭代的估计结果满足 $\zeta=\zeta'$（或者概率 $p(\zeta=\zeta')\rightarrow1$），则约束(8.26)可被释放为

$$\sum_{k_1\in\zeta}|\vartheta(k_1)|<\sum_{k_2\in\zeta^c}\lambda|\vartheta(k_2)|\tag{8.27}$$

进一步，由式(8.15)获得的对应于第 m 次迭代的估计误差可被限制为

$$\begin{cases}(1+M)\|\vartheta\|_2^2-M\|\vartheta\|_1^2\leqslant\Delta^2\\\displaystyle\sum_{k_1\in\zeta}|\vartheta(k_1)|<\sum_{k_2\in\zeta^c}\lambda|\vartheta(k_2)|\\\#\zeta\leqslant K\end{cases}\tag{8.28}$$

事实上，上述约束问题并不受 $\boldsymbol{s}_0$ 中元素排序的影响。为了简便起见，我们假定 $\boldsymbol{s}_0$ 中所有非零元素都集中在向量的前面部分，即 $\zeta^c=\{1,\cdots,K\}$。

令 $\vartheta=[\vartheta_0;\vartheta_1]$，$\vartheta_0$ 代表 ϑ 中前 K 个元素，ϑ_1 为剩下的 $N-K$ 个元素。显然地，可以得到

$$\|\vartheta\|_2^2=\|\vartheta_0\|_2^2+\|\vartheta_1\|_2^2,\|\vartheta\|_1=\|\vartheta_0\|_1+\|\vartheta_1\|_1\tag{8.29}$$

根据柯西不等式，有

$$\|\vartheta_0\|_1 \geqslant \|\vartheta_0\|_2 \geqslant \frac{\|\vartheta_0\|_1}{\sqrt{K}}, \|\vartheta_1\|_1 \geqslant \|\vartheta_1\|_2 \geqslant \frac{\|\vartheta_1\|_1}{\sqrt{N-K}} \tag{8.30}$$

定义 $c_0=(\|\vartheta_0\|_2/\|\vartheta_0\|_1)^2$，$c_1=(\|\vartheta_1\|_2/\|\vartheta_1\|_1)^2$，$A=\|\vartheta_0\|_1$，$B=\|\vartheta_1\|_1$，$B=\rho A$，其中，$0\leqslant\rho<1$。则式(8.28)可进一步表示为

$$\begin{cases}(1+M)(c_0A^2+c_1B^2)-M(A+B)^2\leqslant\Delta^2\\ 0\leqslant B\leqslant \lambda A, \dfrac{1}{K}\leqslant c_0\leqslant 1, 0<c_1\leqslant 1\end{cases} \tag{8.31}$$

简化式(8.31)有

$$(1+M)\|\vartheta\|_2^2-M\mu_1\|\vartheta\|_2^2\leqslant\Delta^2 \tag{8.32}$$

其中，$\mu_1=(1+\rho\lambda)^2/(c_0+c_1\rho^2\lambda^2)\leqslant(1+\lambda)^2K$。

因此，第 m 次迭代的估计误差被限制为 $\|\hat{\boldsymbol{s}}^{(m)}-\boldsymbol{s}_0\|_2^2\leqslant\Delta^2/1+M[1-K(1+\lambda)^2]$。

特别地，当直接采用 ℓ_1 范数约束或者 LASSO 进行稀疏重构时，估计的误差将被限制为$\|\hat{\boldsymbol{s}}^{(m)}-\boldsymbol{s}_0\|_2^2\leqslant\Delta^2/[1+M(1-4K)]$。所以，当迭代初始值基于 ℓ_1 范数约束或者 LASSO 获得时，$\boldsymbol{s}_0$ 中非零系数的个数必须满足 $K<(1/M+1)/4$。证明完毕。

对定理 8.2 和 ℓ_0 范数逼近稀疏重构算法的进一步说明：

(1)由参考文献[1]可知，截断 ℓ_1 函数可以很好地逼近 ℓ_0 函数。在良好的初始估计和足够多的样本下，基于 TLP 和 DC 分解的估计器具有选择一致性，即概率 $p(\zeta=\zeta')\rightarrow 1$，其中 ζ' 代表由式(8.15)获得的最终估计值$\hat{\boldsymbol{s}}^{(\text{end})}$中零值元素的位置集合。通常采用 LASSO 或加权 LASSO 来提供良好的初始估计值。因此在参数 λ 很小的情况下，式(8.15)可被认为是渐进一致估计器。也就是说，随着迭代的进行，概率 $p(\zeta=\zeta')\rightarrow 1$。这意味着式(8.15)可以获得非零元素位置的很好估计。

(2)如果初始估计$\hat{\boldsymbol{s}}^{(0)}$不通过 LASSO 或加权 LASSO 提供，而是固定为 0，则对应于式(8.15)的第 1 次迭代就转变为 LASSO。因此本章的 ℓ_0 范数逼近算法可以无须精确的初始条件而同样保证算法的全局最优性和渐进选择一致性。

(3) 如果参数 λ 被设置为 1 或调整参数 τ 选择不合理，如 $\infty>\tau\geqslant\max\{\boldsymbol{s}_0\}$，则式(8.15) 对应的优化问题就转变为了 LASSO 问题，此时迭代的进行将不能获得改进的估计结果。但如果 λ 选择合理，而调整参数 τ 满足 $\max\{\boldsymbol{s}_0\}>\tau\geqslant\min\{\boldsymbol{s}_0(\zeta^c)\}$，则基于式(8.15)的优化问题仍能够获得优于

LASSO 的估计结果，此时只有一部分非零元素的估计将得到改善。

(4)当系统内噪声为 0 或没有噪声时，基于式(8.15)可以获得无偏且唯一的解。同时，由于式(8.15)对应的优化问题隶属于凸优化框架，即使系统内存在噪声，基于式(8.15)和迭代策略的稀疏重构也可以获得优于直接 l_1 范数约束或 LASSO 的估计结果。

(5)在实际的应用中，可以通过降低噪声水平或提高 SNR，降低原子相干性或合理增加观测矩阵行数来改善估计精度或重构性能。

定理 8.2 指出，TLP 和 DC 分解的结合可以很好地逼近 l_0 范数，相对应的 l_0 范数逼近稀疏重构算法可以获得很好的估计精度和重构稳定性。

8.1.2 稳健的稀疏观测模型构建

由上面的分析可知，TLP 和 DC 分解理论更适用于向量观测模型，并且重构性能随着噪声的减小而变得更好。因此，我们将在二阶统计量域构建向量观测模型以抑制噪声的干扰，并进一步克服现有 Group LASSO 方法计算复杂度受信源数或阵元数严重影响及估计偏的缺陷。

阵列结构如第 7 章中的图 7.3 所示。不同于第 7 章，本章将采用多快拍下的信号模型以提高算法的估计精度和稳定性。以第一个阵元为相位参考点，阵列在 t 时刻的输出可表示为

$$\boldsymbol{y}(t)=\sum_{k=1}^{K}\boldsymbol{a}(\theta_k)s_k(t)+\boldsymbol{n}(t)=\boldsymbol{A}(\theta)\boldsymbol{s}(t)+\boldsymbol{n}(t),t=1,\cdots,Q \tag{8.33}$$

结合 Q 个采样值，阵列输出的矩阵表示为

$$\boldsymbol{Y}=\boldsymbol{A}(\theta)\boldsymbol{S}+\boldsymbol{N} \tag{8.34}$$

其中，$\boldsymbol{Y}=[\boldsymbol{y}(1),\cdots,\boldsymbol{y}(Q)]$为 $L\times Q$ 的阵列输出矩阵；$\boldsymbol{S}=[\boldsymbol{s}(1),\cdots,\boldsymbol{s}(Q)]$为 $K\times Q$ 的信源波形矩阵；$\boldsymbol{N}=[\boldsymbol{n}(1),\cdots,\boldsymbol{n}(Q)]$为 $L\times Q$ 的传感器噪声矩阵。

基于式(8.33)的阵列协方差矩阵表示为

$$\boldsymbol{R}=E\{\boldsymbol{y}(t)\boldsymbol{y}^{\mathrm{H}}(t)\}=\boldsymbol{APA}^{\mathrm{H}}+\sigma^2\boldsymbol{I}_L \tag{8.35}$$

式中，$\boldsymbol{P}=\mathrm{diag}\{P_1,\cdots,P_K\}$代表信号协方差矩阵，$P_k=E\{\boldsymbol{s}(t)\boldsymbol{s}^*(t)\}$代表第 k 个信号的功率；$\boldsymbol{I}_L$ 代表 $L\times L$ 的单位矩阵；σ^2 为噪声方差；符号 $E\{\cdot\}$和 H 分别代表期望和共轭转置。

对阵列协方差矩阵 $\boldsymbol{R}$ 进行展开，可得

$$\boldsymbol{R}=\begin{pmatrix}\sum_{k=1}^{K}P_k+\sigma^2 & \cdots & \sum_{k=1}^{K}P_k\mathrm{e}^{\mathrm{j}2\pi(L-1)d\sin\theta_k/\lambda}\\ \vdots & \ddots & \vdots\\ \sum_{k=1}^{K}P_k\mathrm{e}^{-\mathrm{j}2\pi(L-1)d\sin\theta_k/\lambda} & \cdots & \sum_{k=1}^{K}P_k+\sigma^2\end{pmatrix}\tag{8.36}$$

观察式(8.36)可以发现，当 $m-n=p-q$ 时，$\boldsymbol{R}(m,n)=\boldsymbol{R}(p,q)$，其中 $m,n,p,q\in[1,\cdots,L]$。这意味着我们可以通过对 $\boldsymbol{R}$ 进行求和平均运算来获得统计性能更好的向量观测模型。定义 $(2L-1)\times 1$ 的向量 $\boldsymbol{\varGamma}$，其第 $l(1\leqslant l\leqslant 2L-1)$ 个元素表示为

$$\boldsymbol{\varGamma}(l)=\begin{cases}\dfrac{1}{l}\sum\limits_{i=1}^{l}\boldsymbol{R}(i,L+i-l),l=1,\cdots,L\\ \dfrac{1}{2L-l}\sum\limits_{i=1}^{2L-l}\boldsymbol{R}(L+1-i,2L+1-i-l),\text{其他}\end{cases}\tag{8.37}$$

$\varGamma$ 的向量形式为

$$\boldsymbol{\varGamma}=\boldsymbol{B}(\theta)\boldsymbol{p}+\sigma^2\boldsymbol{i}^{2L-1}\tag{8.38}$$

式(8.38)中，$\boldsymbol{B}(\theta)$代表$(2L-1)\times K$ 的虚拟阵列流型矩阵，其第 k 列代表第 k 个信号的虚拟导向矢量，表示为

$$\boldsymbol{b}(\theta_k)=[\mathrm{e}^{\mathrm{j}2\pi(L-1)d\sin\theta_k/\lambda},\cdots,1,\cdots,\mathrm{e}^{-\mathrm{j}2\pi d(L-1)\sin\theta_k/\lambda}]^{\mathrm{T}}\tag{8.39}$$

$\boldsymbol{p}=[P_1,\cdots,P_K]^{\mathrm{T}}$；$\boldsymbol{i}^{2L-1}$是$(2L-1)\times 1$ 的向量，其第 L 个元素为 1，其他元素为 0。

经过上面的处理，可以观察到时域下的多测量矢量(MMV)问题已转变为二阶统计量域下的虚拟单测量矢量(VSMV)问题。注意到构建的向量观测模型 $\boldsymbol{\varGamma}$ 和阵列时域输出(8.33)具有相似的形式，因此 $\boldsymbol{\varGamma}$ 可被认为是二阶统计量域下的虚拟阵列输出，且它同样包含着信源的 DOA 和功率参数。特别地，二阶统计量的应用和求和平均运算的处理，使得 $\boldsymbol{\varGamma}$ 在统计意义上将具有很好的稳定性。

为将传统的 DOA 估计问题转变为稀疏信号重构问题，我们假定空间存在 $N(\gg L)$ 个可能的波达方向，即 $\boldsymbol{\Theta}\triangleq\{\bar{\theta}_1,\bar{\theta}_2,\cdots,\bar{\theta}_N\}$。则在稀疏表示框架下，式(8.38)可重新表示为

$$\boldsymbol{\varGamma}=\bar{\boldsymbol{B}}(\boldsymbol{\Theta})\boldsymbol{p}_N+\sigma^2\boldsymbol{i}^{2L-1}\tag{8.40}$$

式(8.40)中，$\bar{\boldsymbol{B}}(\boldsymbol{\Theta})=[\boldsymbol{b}(\bar{\theta}_1),\cdots,\boldsymbol{b}(\bar{\theta}_N)]$代表过完备基矩阵；$\boldsymbol{p}_N=[\bar{P}_1,\cdots,$

$\bar{P}_N]^{\mathrm{T}}$ 代表 K 稀疏的信号功率向量。当信号 k 从 $\bar{\theta}_i$ 入射到阵列时，$\boldsymbol{p}_N$ 的第 i 个元素非零且等于 P_k，而其他元素为 0。

8.1.3　基于 ℓ_0 范数逼近的 DOA 和功率估计

基于 ℓ_0 范数逼近的 DOA 和功率联合估计算法(定义为 SRSSV-ℓ_0)见表 8.1。

表 8.1　SRSSV-ℓ_0 算法

初始化
(1)$\hat{\boldsymbol{\Gamma}}=\mathrm{sav}(\hat{\boldsymbol{R}})$，$\bar{M}=3$，$\varepsilon_1=\lambda=0.01$，$m=1$。
(2) $\hat{\boldsymbol{p}}_N^{(0)}=\operatorname{argmin}\sum\limits_{i=1}^{N}\hat{w}_i\mid\bar{P}_i\mid \text{ s. t. } \Vert\hat{\boldsymbol{\Gamma}}-\bar{\boldsymbol{B}}(\Theta)\boldsymbol{p}_N-\hat{\sigma}^2\boldsymbol{i}^{2L-1}\Vert_2\leqslant\eta_1$
迭代。
(3)更新权值矩阵：$\boldsymbol{W}^{(m-1)}=\operatorname{diag}\{w_1,\cdots,w_N\}$，$w_i=\begin{cases}\dfrac{1}{\tau}, & \mid\bar{P}_i^{(m-1)}\mid\leqslant\tau;\\ \dfrac{\lambda}{\tau}, & \text{其他。}\end{cases}$
(4) 更新系数估计：$\hat{\boldsymbol{p}}_N^{(m)}=\operatorname{argmin}\sum\limits_{i=1}^{N}w_i\mid\bar{P}_i\mid \text{ s. t. } \Vert\hat{\boldsymbol{\Gamma}}-\bar{\boldsymbol{B}}(\Theta)\boldsymbol{p}_N-\hat{\sigma}^2\boldsymbol{i}^{2L-1}\Vert_2\leqslant\eta_1$
终止。
(5) $\mid\hat{\boldsymbol{p}}_N^{(m)}-\hat{\boldsymbol{p}}_N^{(m-1)}\mid\leqslant\varepsilon_1$ 或者 $m\geqslant\bar{M}$。

其中，sav(•) 代表如式(8.37) 所示的求和平均运算。Max 代表最大迭代次数。计算机仿真结果显示，一般条件下 1 到 2 次迭代即可满足迭代终止要求。为了降低计算复杂度，我们通常设定Max $=3$。令 $\hat{\boldsymbol{p}}_N^{(m)}$ 代表第 m 次迭代获得的估计结果。噪声协方差 $\hat{\sigma}^2$ 由阵列协方差矩阵 $\hat{\boldsymbol{R}}$ 的 $L-K$ 个小特征值的平均获得，$\hat{\boldsymbol{R}}=\sum\limits_{t=1}^{Q}\boldsymbol{y}(t)\boldsymbol{y}^{\mathrm{H}}(t)/Q$。初始估计值 $\hat{\boldsymbol{p}}_N^{(0)}$ 由加权 ℓ_1 范数提供，且权值为

$$\hat{w}_i=\boldsymbol{a}(\bar{\theta}_i)^{\mathrm{H}}\boldsymbol{U}_n\boldsymbol{U}_n^{\mathrm{H}}\boldsymbol{a}(\bar{\theta}_i) \tag{8.41}$$

其中，$\boldsymbol{U}_n$ 代表 $\hat{\boldsymbol{R}}$ 对应于 $L-K$ 个小特征值的 $L\times(L-K)$ 维噪声子空间矩阵。

令 $\hat{\boldsymbol{p}}_N^{(\mathrm{end})}$ 代表最终的输出结果，则通过寻找 $\hat{\boldsymbol{p}}_N^{(\mathrm{end})}$ 中非零元素的大小及所处的位置即可获得目标信号源的功率和 DOA 参数。

1. 正则化参数选择方法

正则化参数 η 严重影响算法的估计性能。大的 η 会将 $\boldsymbol{p}_N$ 中的非零元素压缩为零而导致错误的估计，小的 η 则会产生许多伪峰。由文献[9][10]可

知，阵列协方差矩阵估计误差 $\Delta\boldsymbol{R}=\hat{\boldsymbol{R}}-\boldsymbol{R}$ 的向量化服从渐进正态分布，即

$$\mathrm{vec}(\Delta\boldsymbol{R}) \sim \mathrm{AsN}\left(\boldsymbol{0},\frac{1}{L}\boldsymbol{R}^{\mathrm{T}}\otimes\boldsymbol{R}\right) \tag{8.42}$$

其中，$\mathrm{AsN}(\boldsymbol{\mu},\boldsymbol{\Sigma})$ 代表均值为 $\boldsymbol{\mu}$，方差为 $\boldsymbol{\Sigma}$ 的渐进正态分布；$\otimes$ 代表 Kronecker 矩阵乘积。

由于观测模型 $\boldsymbol{\Gamma}$ 是通过对阵列协方差矩阵元素进行求和平均运算获得的，因此 $\Delta\boldsymbol{\Gamma}$ 与 $\mathrm{vec}(\Delta\boldsymbol{R})$ 存在一种线性关系，表示为

$$\Delta\boldsymbol{\Gamma}=\hat{\boldsymbol{\Gamma}}-\boldsymbol{\Gamma}=\boldsymbol{\psi}\cdot\mathrm{vec}(\Delta\boldsymbol{R}) \tag{8.43}$$

式(8.43)中，$\hat{\boldsymbol{\Gamma}}$ 为 $\boldsymbol{\Gamma}$ 在 Q 个快拍下的估计值；$\boldsymbol{\psi}$ 为 $(2L-1)\times L^2$ 的线性变换矩阵。由于 $\boldsymbol{\psi}$ 中每行都有非零的变换系数，而不同行间的非零线性系数的列位置不同，因此 $\mathrm{rank}(\boldsymbol{\psi})=2L-1$。

多维正态分布的线性组合依然服从正态分布，于是结合式(8.42)和式(8.43)可得

$$\hat{\boldsymbol{\Gamma}}-\bar{\boldsymbol{B}}(\boldsymbol{\Theta})\boldsymbol{p}_N-\hat{\sigma}^2\boldsymbol{i}^{2L-1}\sim\mathrm{AsN}\left(\boldsymbol{0},\frac{1}{L}\boldsymbol{\Psi}(\boldsymbol{R}^{\mathrm{T}}\otimes\boldsymbol{R})\boldsymbol{\Psi}^{T}\right) \tag{8.44}$$

令 $\boldsymbol{D}^{-1/2}$ 代表渐进方差矩阵 $\boldsymbol{\Psi}(\boldsymbol{R}^{\mathrm{T}}\otimes\boldsymbol{R})\boldsymbol{\Psi}^{\mathrm{T}}/Q$ 逆的 Hermitian 平方根，则有

$$\boldsymbol{D}^{-1/2}(\hat{\boldsymbol{\Gamma}}-\bar{\boldsymbol{B}}(\boldsymbol{\Theta})\boldsymbol{p}_N-\hat{\sigma}^2\boldsymbol{i}^{2L-1})\sim\mathrm{AsN}(\boldsymbol{0},\boldsymbol{I}_{2L-1}) \tag{8.45}$$

式(8.45)中，$\boldsymbol{I}_{2L-1}$ 代表 $(2L-1)\times(2L-1)$ 的单位矩阵。进一步由式(8.45)可得

$$\|\boldsymbol{D}^{-1/2}(\hat{\boldsymbol{\Gamma}}-\bar{\boldsymbol{B}}(\boldsymbol{\Theta})\boldsymbol{p}_N-\hat{\sigma}^2\boldsymbol{i}^{2L-1})\|_2^2\sim\mathrm{As}\chi^2(2L-1) \tag{8.46}$$

进而根据 ℓ_1-SVD 和 ℓ_1-SRACV 方法中提出的改进差异原则，正则化参数 η_1 即可通过 $2L-1$ 维自由度的 χ^2 分布函数 $\mathrm{ch2inv}(1-\bar{p},2L-1)$ 获得。大量仿真实验显示，$\bar{p}=0.01$ 即可达到较好的估计结果。

2. 调整参数选择方法

调整参数 τ 是另外一个非常重要的参数，不合理的调整参数会导致算法稳定性差甚至失效。计算机仿真结果显示，在 0 dB 到 20 dB 信噪比下，$\hat{\tau}=0.6P_{\min}=0.6\times\min\{P_k:k=1,\cdots,K\}$ 是一个很好的选择。而在低信噪比条件下，我们采用 V 折交叉验证来合理地选择调整参数。将观测数据 $\hat{\Gamma}$ 分为 V 个的近似相等的序列(包含训练序列和验证序列)。对于每个序列 $v=1,\cdots,V$，以参数 τ 去匹配其他 $V-1$ 个序列，给出估计结果 $\hat{p}_N(\tau)$，并利用估计结果去计算对第 v 个序列预测的误差

$$E_v(\tau)=\|\hat{\boldsymbol{\Gamma}}^v-\bar{\boldsymbol{B}}^v\hat{\boldsymbol{p}}_N(\tau)\|_2^2 \tag{8.47}$$

其中，$\hat{\boldsymbol{\Gamma}}^{v}$ 和$\bar{\boldsymbol{B}}^{v}$ 分别代表$\hat{\boldsymbol{\Gamma}}$ 和$\bar{\boldsymbol{B}}(\boldsymbol{\Theta})$的第 v 个部分。进而交叉验证误差为

$$\mathrm{CV}(\tau)=\frac{1}{V}\sum_{v=1}^{V}E_{v}(\tau) \tag{8.48}$$

对于不同的 τ 值，重复进行上述交叉验证过程直到选择使 $\mathrm{CV}(\tau)$最小的 τ 值。然而，当 τ 值较多时，交叉验证的引入会带来很大的计算负担。因此，为了提升交叉验证速度，在实际的应用中，我们通常先选择一个经验参数，如 $\hat{\tau}=0.6P_{\min}$，进而在经验参数的周围选择更合理的调整参数。

3. 可估计的最大信源数分析

分析过完备基矩阵$\bar{\boldsymbol{B}}(\boldsymbol{\Theta})$发现，$\bar{\boldsymbol{B}}(\boldsymbol{\Theta})$的任意 $2L-1$ 列是线性无关的，而 $2L$ 列是线性相关的。根据定理 7.1 可知，$K<\mathrm{Spark}[\boldsymbol{\Phi}]/2=L$ 时，基于过完备基$\bar{\boldsymbol{B}}(\boldsymbol{\Theta})$的稀疏重构算法可以获得唯一的 K 稀疏解。也就是说，对于由 L 个阵元组成的均匀线阵，本节介绍算法可有效估计 $L-1$ 个信源。

4. 计算复杂度分析

对于 SRSSV-ℓ_0 算法，阵列协方差矩阵 $\hat{\boldsymbol{R}}$，它的特征值分解以及 $\boldsymbol{D}^{-1/2}$ 的计算需要的复乘次数为 $O(L^2Q)+O(L^3)$。观测模型 $\hat{\boldsymbol{\Gamma}}$ 和权值矩阵 $\hat{\boldsymbol{W}}$ 的构建需要$O(L^3)+O(L^2N)$。进行一次稀疏重构或交叉验证过程需要 $O(N^3)$。在稀疏信号重构框架下，通常假定 $K<L\ll N$，因此，SRSSV-ℓ_0 算法的计算复杂度主要集中在稀疏重构和交叉验证过程，但可以发现其并不受信源数或阵元数的影响。作为对比，ℓ_1-SVD 和 ℓ_1-SRACV 方法的计算复杂度也主要集中在稀疏重构过程，分别为 $O(K^3N^3)$和 $O(L^3N^3)$。因此，当信源数 K 或阵元数 L 占据主导地位时，SRSSV-ℓ_0 算法的计算复杂度将低于 ℓ_1-SVD 和 ℓ_1-SRACV 方法。注意到基于 ℓ_1 范数约束的稀疏空间谱匹配方法(SPSF)的主要计算复杂度为 $O(N^3)$，而 SRSSV-ℓ_0 算法由于迭代和交叉验证策略的应用，计算复杂度将高于 SPSF 方法。同时，本节算法的计算复杂度更要高于 MUSIC 和 ESPRIT 等特征子空间类方法，但需要强调的是本章算法将提供改进的参数估计性能和噪声鲁棒性能。

8.1.4 扩展到未知非均匀噪声背景

现有的子空间类算法和稀疏 DOA 估计算法大多假定噪声是高斯白噪声，然而，当天线阵列未得到校准或接收信道的硬件组成存在差异时[11-13]，非均匀噪声的假设更为合理。在这种情况下，各阵元间噪声相互独立但功率不

同,即噪声的协方差矩阵为对角元素互不相等的对角矩阵,表示为

$$N_1 = E\{\boldsymbol{n}(t)\boldsymbol{n}^{\mathrm{H}}(t)\} = \mathrm{diag}\{\sigma_1^2,\sigma_2^2,\cdots,\sigma_L^2\} \tag{8.49}$$

其中,$\sigma_1^2 \neq \cdots \neq \sigma_L^2$。

在未知非均匀噪声背景下,学者们也提出了一些有效的处理方法[14-15],主要是在某些限制性条件下(如要求阵元数大于信源数的 3 倍、部分噪声信息需已知等)通过估计噪声协方差矩阵并进行白化或剔除处理后,基于子空间理论获得信源参数估计。然而这些方法往往以牺牲巨大的阵列孔径为代价。

本节介绍的 l_0 范数逼近方法为克服上述问题提供了新的有效途径。类似于式(8.40),在稀疏表示框架下,通过求和平均运算,我们可以获得未知非均匀噪声背景下一个新的向量观测模型

$$\boldsymbol{\Gamma}_1 = \bar{\boldsymbol{B}}(\boldsymbol{\Theta})\boldsymbol{p}_N + \bar{\sigma}^2\boldsymbol{i}^{(2L-1)} \tag{8.50}$$

式中,$\bar{\sigma}^2 = (\sigma_1^2 + \cdots + \sigma_L^2)/L$;$\boldsymbol{i}^{(2L-1)}$ 是$(2L-1)\times 1$ 的向量,其第 L 个元素为 1,其他元素为 0。

由于噪声协方差未知同时也不能通过对阵列协方差矩阵进行特征值分解获得,因此我们直接采用剔除噪声项的方式来抑制未知非均匀噪声,并相继地获得无噪观测模型:

$$\bar{\boldsymbol{\Gamma}}_1 = \bar{\boldsymbol{B}}_1(\boldsymbol{\Theta})\,\boldsymbol{p}_N \tag{8.51}$$

其中,$\bar{\boldsymbol{\Gamma}}_1$ 为$\boldsymbol{\Gamma}_1$ 剔除第 L 个元素后形成的新观测向量;$\bar{\boldsymbol{B}}_1(\boldsymbol{\Theta})$为$\bar{\boldsymbol{B}}(\boldsymbol{\Theta})$剔除第 L 行后形成的新过完备基矩阵。

直接采用 l_0 范数逼近算法即可得到未知非均匀噪声背景下的 DOA 和功率估计。即 DOA 和功率估计可通过求解如下迭代优化问题获得:

$$\min\|\bar{\boldsymbol{\Gamma}}_1 - \bar{\boldsymbol{B}}_1(\boldsymbol{\Theta})\boldsymbol{p}_N\|_2 + h\|\boldsymbol{W}^{(m-1)}\boldsymbol{p}_N\|_1 \tag{8.52}$$

由于我们不能通过信号子空间与噪声子空间的正交性来构建权值,因此迭代初始估计值只能通过 l_1 范数约束/LASSO 方法获得。

式(8.52)也可以等效地写成如下带约束的迭代优化问题:

$$\begin{aligned} &\min\|\boldsymbol{W}^{(m-1)}\boldsymbol{p}_N\|_1 \\ &\text{s. t. } \|\bar{\boldsymbol{\Gamma}}_1 - \bar{\boldsymbol{B}}_1(\Theta)\boldsymbol{p}_N\|_2 \leqslant \eta_2 \end{aligned} \tag{8.53}$$

相应地,正则化参数 η_2 和调整参数 τ 通过改进的差异原则和交叉验证获得。

8.2　未知色噪声下的 DOA 和功率估计算法

8.1 节中,我们重点研究了高斯白噪声、未知非均匀噪声背景下的 DOA 和

功率估计问题。在实际的应用中,色噪声是另一类具有代表性的噪声。目前,色噪声下基于子空间理论的DOA估计算法也已取得一定的研究进展,主要包括高阶累计量方法[18-19]、参数化方法[20-21]和协方差差分方法[22-23]三类。高阶累积量类方法不适用于高斯信号,参数化方法往往需要已知噪声协方差矩阵的部分信息。相比于其他两类方法,协方差差分方法则更简单、更易于实现。然而由于数学手段的限制,目前的协方差差分方法并不是一个理想的方法,仍存在伪峰区分难题。因此,本节将充分挖掘稀疏信号重构的优势,探索未知色噪声下基于协方差差分和稀疏重构的DOA和功率估计新方法,旨在为提高参数估计性能及克服目前差分方法存在的伪峰区分难题提供新的途径。

8.2.1 信号模型及假设

信号模型类似于高斯白噪声下的观测模型,即式(8.33)。不同的是噪声$\boldsymbol{n}(t)$为色噪声,即不同传感器间的噪声相关。则色噪声下的阵列协方差可表示为

$$\boldsymbol{R}_1=\boldsymbol{APA}^{\mathrm{H}}+\boldsymbol{N}_2 \tag{8.54}$$

其中,噪声协方差矩阵$\boldsymbol{N}_2$不再是对角矩阵。

为了便于说明同时又保证算法的有效性,本节做如下假设:

假设1:信源信号$s_k(t)$为零均值、彼此相互独立的窄带随机过程。

假设2:噪声为零均值、不相关色噪声,且协方差矩阵对阵列旋转或特定的线性变换具有不变性。

假设3:为了避免相位模糊,保证估计的唯一性,阵元间距和信源个数满足$d\leqslant\lambda/2$,$K\leqslant\lceil(2L-1)/4\rceil$,其中$\lceil\cdot\rceil$代表向上取整操作。

8.2.2 协方差差分技术

协方差差分技术由Paulraj等人[21]率先提出,并由Prasd等人[22]进一步发展,其核心思想是通过阵列旋转或适当的线性变换使阵列协方差矩阵中噪声协方差矩阵不变,而信号协方差矩阵发生一定的变化。当空间噪声场为各向同性圆形或柱形场时,耦合到阵列的噪声将关于阵列中垂线对称[23],这为协方差差分技术应用于阵列信号参数估计带来了可能。在这种情况下,噪声协方差矩阵$\boldsymbol{N}_2$将满足对称Topelitz结构。众所周知,对称Topelitz矩阵满足如下特性:

$$\boldsymbol{N}_2 = \boldsymbol{J}\boldsymbol{N}_2\boldsymbol{J} \tag{8.55}$$

其中，$\boldsymbol{J}$ 是斜对角元素为 1 其他元素为 0 的置换矩阵，表示为

$$\boldsymbol{J} = \begin{pmatrix} 0 & & & 1 \\ & & 1 & \\ & \cdot^{\cdot^{\cdot}} & & \\ 1 & & & 0 \end{pmatrix} \tag{8.56}$$

对阵列协方差矩阵和其变换矩阵作差分得

$$\begin{aligned} \Delta\boldsymbol{R}_1 &= \boldsymbol{R}_1 - \boldsymbol{J}\boldsymbol{R}_1\boldsymbol{J} \\ &= \boldsymbol{A}\boldsymbol{P}\boldsymbol{A}^{\mathrm{H}} + \boldsymbol{N}_2 - \boldsymbol{J}\boldsymbol{A}\boldsymbol{P}\boldsymbol{A}^{\mathrm{H}}\boldsymbol{J} - \boldsymbol{J}\boldsymbol{N}_2\boldsymbol{J} \\ &= \boldsymbol{A}\boldsymbol{P}\boldsymbol{A}^{\mathrm{H}} - \boldsymbol{J}\boldsymbol{A}\boldsymbol{P}\boldsymbol{A}^{\mathrm{H}}J \\ &= [\boldsymbol{A}, \boldsymbol{J}\boldsymbol{A}]\begin{bmatrix} \boldsymbol{P} & 0 \\ 0 & -\boldsymbol{P} \end{bmatrix}[\boldsymbol{A}, \boldsymbol{J}\boldsymbol{A}]^{\mathrm{H}} \end{aligned} \tag{8.57}$$

由式(8.57)可以清晰地看出，协方差差分技术可以有效地抑制色噪声。

定理 8.3[23]　假定 $\boldsymbol{u}_i$ 为差分矩阵 $\Delta\boldsymbol{R}_1$ 的特征向量，则 $\boldsymbol{J}\boldsymbol{u}_i$ 亦为 $\Delta\boldsymbol{R}_1$ 的特征向量，同时 $\Delta\boldsymbol{R}_1$ 的特征值关于 0 对称分布。

证明：由特征值分解理论可得

$$\Delta\boldsymbol{R}_1\boldsymbol{u}_i = (\boldsymbol{R}_1 - \boldsymbol{J}\boldsymbol{R}_1\boldsymbol{J})\boldsymbol{u}_i = \lambda_i\boldsymbol{u}_i \tag{8.58}$$

由于 $\boldsymbol{J}\boldsymbol{J}=\boldsymbol{I}$，则有

$$\boldsymbol{J}(\boldsymbol{J}\boldsymbol{R}_1\boldsymbol{J} - \boldsymbol{R}_1)\boldsymbol{J}\boldsymbol{u}_i = \lambda_i\boldsymbol{u}_i \tag{8.59}$$

$$(\boldsymbol{J}\boldsymbol{R}_1\boldsymbol{J} - \boldsymbol{R}_1)\boldsymbol{J}\boldsymbol{u}_i = \lambda_i\boldsymbol{J}\boldsymbol{u}_i \tag{8.60}$$

$$(\boldsymbol{R}_1 - \boldsymbol{J}\boldsymbol{R}_1\boldsymbol{J})\boldsymbol{J}\boldsymbol{u}_i = -\lambda_i\boldsymbol{J}\boldsymbol{u}_i \tag{8.61}$$

定理 8.3 说明，如果直接利用子空间方法如 MUSIC 进行 DOA 估计，则会由于特征值对称分布的关系而产生伪峰问题。

8.2.3　基于差分与 Adaptive LASSO 的 DOA 和功率估计

为克服应用协方差差分技术带来的伪峰区分难题，本节将从稀疏重构角度进行 DOA 和功率参数估计。基于假设条件 1 和 2，差分矩阵 $\Delta\boldsymbol{R}_1$ 可重新表示为

$$\Delta\boldsymbol{R}_1 = \boldsymbol{R}_1 - \boldsymbol{J}\boldsymbol{R}_1\boldsymbol{J} = \boldsymbol{R}_1 - \boldsymbol{R}_1^{\mathrm{T}} = \boldsymbol{A}\boldsymbol{P}\boldsymbol{A}^{\mathrm{H}} - (\boldsymbol{A}\boldsymbol{P}\boldsymbol{A}^{\mathrm{H}})^{\mathrm{T}} \tag{8.62}$$

假定空间网格关于阵列垂线对称分布，则在稀疏信号重构框架下，式(8.65)表示为

$$\begin{aligned}\Delta\boldsymbol{R}_1 &= \bar{\boldsymbol{A}}(\Theta)\boldsymbol{P}_N\bar{\boldsymbol{A}}^{\mathrm{H}}(\Theta) - (\bar{\boldsymbol{A}}(\Theta)\boldsymbol{P}_N\bar{\boldsymbol{A}}^{\mathrm{H}}(\Theta))^{\mathrm{T}} \\ &= \bar{\boldsymbol{A}}(\Theta)\boldsymbol{P}_N\bar{\boldsymbol{A}}^{\mathrm{H}}(\Theta) - \bar{\boldsymbol{A}}^*(\Theta)\boldsymbol{P}_N(\bar{\boldsymbol{A}}^*(\Theta))^{\mathrm{H}}\end{aligned} \tag{8.63}$$

其中，$\bar{\boldsymbol{A}}(\boldsymbol{\Theta})=[\boldsymbol{a}(\bar{\theta}_1),\cdots,\boldsymbol{a}(\bar{\theta}_N)]$代表$L\times N$的过完备基矩阵；$\boldsymbol{P}_N=\mathrm{diag}(\bar{\boldsymbol{P}}_1,\cdots,\bar{\boldsymbol{P}}_N)$代表$K$稀疏的$N\times N$矩阵。当信号$k$从$\bar{\theta}_i$入射到阵列时，其第$(i,i)$个元素非零且等于$P_k$，而其他元素为0。

由于已经假定空间采样网格关于阵列中垂线对称分布，这意味着

$$\bar{\boldsymbol{A}}^*(\boldsymbol{\Theta}) = \bar{\boldsymbol{A}}(\Theta)\boldsymbol{J}_N \tag{8.64}$$

其中，$\boldsymbol{J}_N$为$N\times N$的置换矩阵。

进而，式(8.63)可进一步表示为

$$\begin{aligned}\Delta\boldsymbol{R}_1 &= \bar{\boldsymbol{A}}(\Theta)\boldsymbol{P}_N\bar{\boldsymbol{A}}^{\mathrm{H}}(\Theta) - \bar{\boldsymbol{A}}(\Theta)\boldsymbol{J}_N\boldsymbol{P}_N\boldsymbol{J}_N\bar{\boldsymbol{A}}^{\mathrm{H}}(\Theta) \\ &= \bar{\boldsymbol{A}}(\Theta)(\boldsymbol{P}_N - \boldsymbol{J}_N\boldsymbol{P}_N\boldsymbol{J}_N)\bar{\boldsymbol{A}}^{\mathrm{H}}(\Theta)\end{aligned} \tag{8.65}$$

为降低算法计算复杂度，我们借鉴稀疏谱匹配思想对差分矩阵$\Delta\mathbf{R}_1$进行向量化操作，即

$$\boldsymbol{\Gamma}_2 = \mathrm{vec}(\Delta\boldsymbol{R}_1) = \bar{\boldsymbol{B}}_2(\Theta)\,\bar{\boldsymbol{p}}_N \tag{8.66}$$

其中，$\bar{\boldsymbol{B}}_2(\Theta)$代表新的过完备基矩阵，且其第$i$列表示为

$$\bar{\boldsymbol{b}}_2(\bar{\theta}_i) = \mathrm{vec}(\boldsymbol{a}(\bar{\theta}_i)\cdot\boldsymbol{a}^{\mathrm{H}}(\bar{\theta}_i)) \tag{8.67}$$

$\bar{\boldsymbol{p}}_N=[\bar{P}_1-\bar{P}_N,\cdots,\bar{P}_N-\bar{P}_1]^{\mathrm{T}}$为$2K$稀疏的$N\times 1$维向量。

可以发现，式(8.66)变为一个无噪的观测模型，即未知色噪声已得到有效抑制。由于ℓ_0范数约束最小化稀疏重构不可解，而直接的ℓ_1范数约束最小化又存在估计偏的问题。因此，我们采用 Adaptive LASSO 进行稀疏重构获得 DOA 和功率参数估计。

令$\bar{\boldsymbol{p}}_N^{(0)}$为基于直接的$\ell_1$范数约束或 LASSO 的重构结果，则未知色噪声下的 DOA 估计可通过求解如下的迭代最小化问题获得：

$$\min\left\{(1-h)\|\boldsymbol{\Gamma}_2 - \bar{\boldsymbol{B}}_2(\Theta)\,\bar{\boldsymbol{p}}_N\|_2^2 + h\sum_{i=1}^{N}\omega_i\,|\bar{\boldsymbol{p}}_N(i)|\right\} \tag{8.68}$$

其中，权值ω_i为

$$\omega_i = 1/\,\bar{\boldsymbol{p}}_N^{(0)}(i) \tag{8.69}$$

基于式(8.68)进行稀疏重构即可获得目标信源的 DOA 和功率估计，并且可以通过对谱峰正负符号的判断很容易地区分伪峰。特别地，由于本节算法没有进行特征值分解或奇异值分解，因此可以在无须信源数先验信息条件

下实现信源参数估计。

由于噪声信息未知，因此并不能通过差异原则来选择合理的正则化参数。观察过完备基矩阵的列向量$\bar{\boldsymbol{b}}_2(\bar{\theta}_i)$并进行展开，得

$$\bar{\boldsymbol{b}}_2(\bar{\theta}_i) = [\underbrace{1,\cdots,\mathrm{e}^{\mathrm{j}(L-1)\varphi_i}}_{1\times L},\underbrace{\mathrm{e}^{-\mathrm{j}\varphi_i},\cdots,\mathrm{e}^{\mathrm{j}(L-2)\varphi_i}}_{1\times L},\cdots,\underbrace{\mathrm{e}^{-\mathrm{j}(L-1)\varphi_i},\cdots,1}_{1\times L}]^{\mathrm{T}} \tag{8.70}$$

其中，$\varphi_i = -2\pi d\sin(\theta_i)/\lambda$。容易发现过完备基矩阵$\bar{\boldsymbol{B}}_2(\Theta)$ 的秩为 $2L-1$。令$\bar{p} = (p-1)(L+1)+1, p \in [1,\cdots,L]$。特别地，如果我们去掉过完备基矩阵$\bar{\boldsymbol{B}}_2(\Theta)$ 的第$\bar{p}$列而形成新的过完备基矩阵$\bar{\boldsymbol{B}}_3(\Theta)$，则有 $\mathrm{rank}(\bar{\boldsymbol{B}}_3(\Theta)) = 2L-1$。这个性质将允许我们采用交叉验证的一种特殊形式来合理地选择正则化参数 h。将观测数据 $\boldsymbol{\Gamma}_2$ 的$\bar{p}$ 个元素设置为验证部分，而其他部分设定为训练部分。进而可得交叉验证的误差为

$$\mathrm{CV}(h) = \frac{1}{L}\sum_{p=1}^{L}\|\boldsymbol{\Gamma}_2(\bar{p}) - \bar{\boldsymbol{B}}_2(\bar{p},:)\,\bar{\boldsymbol{p}}_{\bar{p}}^{\mathrm{DV}}(h)\|_2^2, p = 1,\cdots,L \tag{8.71}$$

其中，$\bar{\boldsymbol{p}}_{\bar{p}}^{\mathrm{DV}}(h)$是正则化参数为 h 下基于训练数据获得的重构结果。

稀疏 DOA 估计方法的估计精度受限于网格划分精度。如上节所述，我们可以采用迭代策略进行更新网格。然而不同于以往的稀疏 DOA 估计方法，本节由于协方差差分技术的应用，本章算法需要网格对称划分和更新以保证式(8.66)的有效性。网格对称划分和更新步骤如下：

步骤 1：关于阵列中垂线方向，在$-90°\sim90°$空域范围内创建粗采样网格，如 1°或 2°网格，设定变量$\bar{m}=0$；

步骤 2：形成过完备基矩阵$\bar{\boldsymbol{A}}(\Theta^{(\bar{m})})$和$\bar{\boldsymbol{B}}_2(\Theta^{(\bar{m})})$，基于 LASSO 和式(8.68)进行稀疏重构获得目标源 DOA 估计 $\hat{\theta}_k^{(\bar{m})}$ 和功率估计 $\hat{P}_k^{(\bar{m})}, k = 1,\cdots,K$，并设定$\bar{m} = \bar{m}+1$；

步骤 3：在 $\hat{\theta}_k^{(\bar{m}-1)}$ 和 $-\hat{\theta}_k^{(\bar{m}-1)}$ 的峰值附近对称地进行局部细网格更新；

步骤 4：网格精度满足设计要求，终止迭代，否则返回步骤 2。

本章介绍的基于 Adaptive LASSO 和协方差差分的 DOA 和功率估计算法(命名为 ALASSO-CD)步骤如表 8.2 所示。

表 8.2 ALASSO-CD 算法

初始化
(1) $\Delta\hat{\boldsymbol{R}}_1=\hat{\boldsymbol{R}}_1-\boldsymbol{J}\hat{\boldsymbol{R}}_1\boldsymbol{J}$，$\hat{\boldsymbol{\Gamma}}_2=\mathrm{vec}(\Delta\hat{\boldsymbol{R}}_1)$，$m=0$，$\varepsilon=0.01$；
(2) $\bar{\boldsymbol{p}}_N^{(0)}=\mathrm{argmin}\left\{(1-h)\Vert\hat{\boldsymbol{\Gamma}}_2-\bar{\boldsymbol{B}}_2(\Theta)\bar{\boldsymbol{p}}_N\Vert_2^2+h\sum_{i=1}^{N}\vert\bar{\boldsymbol{p}}_N(i)\vert\right\}$
迭代；
(3)更新权值：$\omega_i^{(m)}=1/\bar{\boldsymbol{p}}_N^{(m-1)}(i)$，$m=m+1$；
(4)更新系数估计：$\bar{\boldsymbol{p}}_N^{(m)}=\min\left\{(1-h)\Vert\hat{\boldsymbol{\Gamma}}_2-\bar{\boldsymbol{B}}_2(\Theta)\bar{\boldsymbol{p}}_N\Vert_2^2+h\sum_{i=1}^{N}\omega_i^{(m-1)}\vert\bar{\boldsymbol{p}}_N(i)\vert\right\}$
终止；
(5) $\vert\bar{\boldsymbol{p}}_N^{(m)}-\bar{\boldsymbol{p}}_N^{(m-1)}\vert\leqslant\varepsilon$。

表 8.2 中，$\hat{\boldsymbol{R}}_1$ 和 $\hat{\boldsymbol{\Gamma}}_2$ 分别为 $\boldsymbol{R}_1$ 和 $\boldsymbol{\Gamma}_2$ 在 Q 个快拍下的估计，$\hat{\boldsymbol{R}}=\sum_{t=1}^{Q}\boldsymbol{y}(t)\boldsymbol{y}^{\mathrm{H}}(t)/Q$。$\bar{\boldsymbol{p}}_N^{(m)}$ 为基于式(3.71)获得的第 m 次迭代估计值，正则化参数 h 通过式(3.74)获得。

8.3 习题

(1)结合本章及参考文献[1]内容说明为什么截断 l_1 函数可以很好地逼近 l_0 函数。

(2)为什么加权 l_1 函数优化问题可以提供更好的估计性能？除本章提供的加权矩阵外，在雷达信号处理中还有哪些常用、有效的权值矩阵？

(3)分析说明为什么在差分矩阵下利用稀疏重构可以有效地去除伪峰影响？若入射角度对称出现(如 DOA1＝－20°，DOA2＝20°)，本章介绍的基于差分和 Adaptive LASSO 的算法是否依然有效？

(4)什么是 V 折交叉验证？从它的工作原理分析其在雷达、声呐等应用上存在的主要问题是什么？

参考文献

[1] SHEN X，PAN W，ZHU Y. Likelihood-based selection and sharp parameter estimation [J]. Journal of the American Statistical Association,

2012,107(497):223-232.

[2] HORST R,THOAI N. Dc programming:overview [J]. Journal of Optimization Theory Application,1999,103,1-41.

[3] TAO P,AN L. Dc optimization algorithms for solving the trust region subproblem [J]. SIAM Journal of Optimization,1998,8(2):476-505.

[4] HYDER M M, MAHATA K. Direction-of-arrival estimation using a mixed $\ell_{2,0}$ norm approximation [J]. IEEE Transactions on Signal Processing,2010,58(9):4646-4655.

[5] STURM J. Using SeDuMi 1. 02,a MATLAB toolbox for optimization over symmetric cones [J]. Optimization Methods and Software,1999,11(1-4):625-656.

[6] GRANT M,BOYD S,YE Y. CVX:MATLAB software for disciplined convex programming [EB/OL]. [2014-03-01]. http://cvxr. com/cvx.

[7] GASSO G,RAKOTOMAMONJY A,CANU S. Recovering sparse signal with a certain family of nonconvex penalties and DC programming [J]. IEEE Transactions on Signal Processing,2009,57(12):4686-4698.

[8] OTTERSTEN B,STOICA P,ROY R. Covariance matching estimation techniques for array signal processing applications [J]. Digitial Signal Processing,1998,8,185-210.

[9] YIN J,CHEN T. Direction-of-arrival estimation using a sparse representation of array covariance vectors. IEEE Transactions on Signal Processing,2011,59(9):4489-4496.

[10] PESAVENTO M,GERSHMAN A B. Maximum-likelihood direction of arrival estimation in the presence of unknown nonuniform noise [J]. IEEE Transactions on Signal Processing,2001,49(7):1310-1326.

[11] CHEN C E,LORENZELLI F,HASHON R E,et al. Stochastic maximum likelihood DOA estimation in the presence of unknown noise [J]. IEEE Transactions on Signal Processing,2008,56(7):3038-3051.

[12] 刘国红,孙晓颖,王波. 非均匀噪声下频率及二维到达角的联合估计[J]. 电子学报,2011,39(10):2427-2430.

[13] LIAO B,LIAO G S,WEN J. A method for DOA estimation in the pres-

ence of unknown nonuniform noise [J]. Journal of Electromagnetic Waves and Applications,2008,22(14-15):2113-2126.

[14] WU Y,HOU C,LIAO G,et al. Direction-of-arrival estimation in the presence of unknown nonuniform noise [J]. IEEE Journal of Oceanic Engineering,2006,31(2):504-510.

[15] DOGAN M C,MENDEL J M. Applications of cumulants to array processing. I. aperture extension and array calibration [J]. IEEE Transactions on Signal Processing,1995,43(5):1200-1216.

[16] ZHENG C,LI G,ZHANG H,et al. An approach of DOA estimation using noise subspace weighted ℓ_1 minimization [C]. Proceedings of the IEEE International Conference on Acoustics, Speech and Signal Processing (ICASSP'2011),2011,2856-2859.

[17] XU X,WEI X,YE Z. DOA estimation based on sparse signal recovery utilizing weighted ℓ_1-norm penalty, IEEE Signal Processing Letters, 2012,19 (3):155-158.

[18] 云韬. 非平稳、色噪声环境下的参数估计方法研究[D]. 西安:西安电子科技大学,2012.

[19] NAGESHA V,KAY S. Maximum likelihood estimation for array processing in colored noise [J]. IEEE Transaction on Signal Processing, 1996,44(2):169-180.

[20] CADRE J P. Parametric methods for spatial signal processing in the presence of unknown colored noise fields [J]. IEEE Transaction on Acoustics,Speech,and Signal Processing,1989,37(7):965-986.

[21] PAULRAJ A,KAILATH T. Eigenstructure methods for direction of arrival estimation in the presence of unknown noise fields [J]. IEEE Transaction on Acoustics, Speech, and Signal Processing, 1986, ASSP-34(1):13-20.

[22] PRASD S,WILLIAMS R T,MAHALANABIS A K,et al. A transform-based covariance differencing approach for some classes of parameter estimation problems [J]. IEEE Transaction on Acoustics, Speech, and Signal Processing,1988,37(5):631-641.

[23] CIRILLO L A, ZOUBIR A M, AMIN M G. Estimation of near-field parameters using spatial time-frequency [C]. Proceedings of the IEEE InternationalConference on Acoustics, Speech and Signal Processing (ICASSP'2007), 2007, 1141-1144.

第 9 章　基于稀疏重构的远近场混合源 DOA 和距离估计

上一章重点讨论了基于稀疏重构的远场源 DOA 和功率估计问题，并通过仿真展示了稀疏重构在分辨率、抗噪声能力等方面的优势。基于远场源的参数估计方法都是建立在信号以平面波方式传播的假设条件下。然而当信源靠近阵列而落入阵列孔径的近场区域（即菲涅尔区域）时，阵列接收信号的平面波前的假设不再成立，信源波前的固有弯曲将不能被忽略，需要用球面波来精确描述。此时，信源的位置需要用 DOA 和距离参数共同确定，这导致现有的远场源定位方法不再适用。特别地，在一些实际的具体应用中，如表面波雷达定位[1]、基于麦克风阵列的说话人定位[2-3]，以及室内指引（自导引）系统[4-5]中，往往只有一部分信源位于阵列的近场区域，而另一部信源位于阵列的远场区域，这将导致更为复杂的情况——远场源和近场源共存。由于近场源或远近场混合源的信号模型中包含距离信息，因此近场源或远近场混合源情况下的参数估计比远场源情况更加丰富。目前，基于远场源的参数估计研究已经取得了丰硕的成果，而基于近场源的参数估计研究也取得了很大的进展。但适用于远近场源共存的信源参数估计方法研究还不够充分。事实上，远场源和近场源均可被认为是远近场混合源的特例。因此远近场混合源定位算法在通常情况下既适用于远场源又适用于近场源，是一类通用的算法。深入开展远近场混合源定位研究是信源定位理论发展的必然趋势，具有重要的理论意义和实际应用价值。

目前适用于远近场混合源的参数估计算法主要包括两步 MUSIC 算法[6]、斜投影 MUSIC 算法[7]、混合阶 MUSIC 算法[9]以及 Wang 等人提出的稀疏混合源定位算法[9]四类。相比于另外三种子空间类算法，Wang 等人提出的稀疏混合源定位算法借助稀疏信号重构获得了改进的分辨率和参数估计精度。然而其自身存在的计算复杂度高、正则化参数选择不合理以及需要信源数的先验信息等缺陷也在一定程度上制约了算法的实用性和估计精度。为此，本章将在 Wang 等人提出的稀疏混合源定位算法的基础上，继续挖掘稀疏重构的优势，并从新的稀疏表示模型和新的重构方法两方面出发，提出高效鲁棒的远近场混合源参数估计算法。

9.1　基于累积量向量稀疏表示的混合源 DOA 和距离估计算法

9.1.1　信号模型及假设

假设 K 个(包含 K_1 个近场源和 $K-K_1$ 个远场源)不相关信源入射到由 $L=2M+1$ 个阵元组成的对称均匀线阵上，阵列结构如图 9.1 所示。

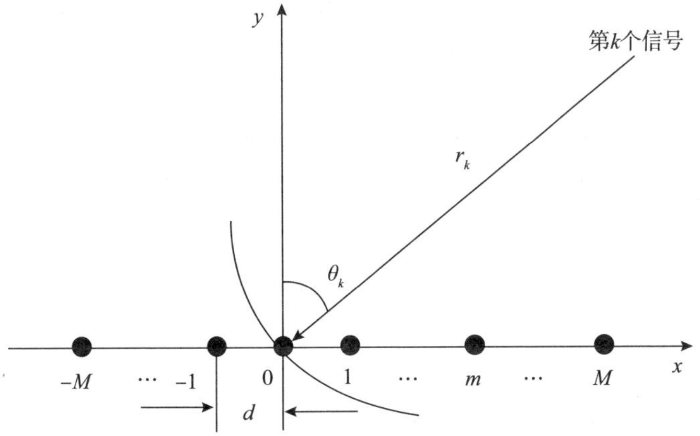

图 9.1　对称均匀线性阵列下的远近场混合源空间模型

以阵列中心为相位参考点，则阵列输出可表示为

$$\boldsymbol{y}(t)=\boldsymbol{A}_{\mathrm{N}}\boldsymbol{s}_{\mathrm{N}}(t)+\boldsymbol{A}_{\mathrm{F}}\boldsymbol{s}_{\mathrm{F}}(t)+\boldsymbol{n}(t) \tag{9.1}$$

式中：

$$\boldsymbol{A}_{\mathrm{N}}=[\boldsymbol{a}_{\mathrm{N}}(\theta_1,r_1),\cdots,\boldsymbol{a}_{\mathrm{N}}(\theta_{K_1},r_{K_1})] \tag{9.2}$$

$$\boldsymbol{A}_{\mathrm{F}}=[\boldsymbol{a}_{\mathrm{F}}(\theta_{K_1+1}),\cdots,\boldsymbol{a}_{\mathrm{F}}(\theta_K)] \tag{9.3}$$

$$\boldsymbol{a}_{\mathrm{N}}(\theta_k,r_k)=[\mathrm{e}^{-\mathrm{j}(M\omega_k-M^2\varphi_k)},\cdots,1,\cdots,\mathrm{e}^{\mathrm{j}(M\omega_k+M^2\varphi_k)}]^{\mathrm{T}} \tag{9.4}$$

$$\boldsymbol{a}_{\mathrm{F}}(\theta_k)=[\mathrm{e}^{-\mathrm{j}M\omega_k},\cdots,1,\cdots,\mathrm{e}^{\mathrm{j}M\omega_k}]^{\mathrm{T}} \tag{9.5}$$

$$\boldsymbol{s}_{\mathrm{N}}(t)=[s_1(t),\cdots,s_{K_1}(t)]^{\mathrm{T}} \tag{9.6}$$

$$\boldsymbol{s}_{\mathrm{F}}(t)=[s_{K_1+1}(t),\cdots,s_K(t)]^{\mathrm{T}} \tag{9.7}$$

$$\omega_k = -2\pi \frac{d}{\lambda}\sin(\theta_k) \tag{9.8}$$

$$\varphi_k = \pi \frac{d^2}{\lambda r_k}\cos^2(\theta_k) \tag{9.9}$$

其中，$\boldsymbol{A}_{\mathrm{N}}$ 和 $\boldsymbol{A}_{\mathrm{F}}$ 分别代表阵列近场源和远场源的导向矩阵；$\boldsymbol{s}_{\mathrm{N}}(t)$ 和 $\boldsymbol{s}_{F}(\mathrm{t})$ 分别代表近场源和远场源信号向量。

本节做如下假设：

假设 1：信源为零均值、窄带、彼此统计独立的随机过程，且具有非零四阶累积量峰值；

假设 2：阵元上的噪声为零均值高斯噪声，且与信源信号不相关；

假设 3：阵元间距 $d \leqslant \lambda/4$，信源个数 $K \leqslant L-1$，λ 为信源信号的波长。

9.1.2 基于累积量向量稀疏表示的混合源 DOA 和距离估计

1. DOA 参数估计

四阶累积量可以有效地抑制高斯噪声，在信源参数估计领域具有重要的地位。远近场混合源下，阵列输出的四阶累积量可表示为

$$\begin{aligned} &\mathrm{cum}\{y_p(t), y_q^*(t), y_m(t), y_n^*(t)\} \\ &= \sum_{k=1}^{K} c_{4,s_k} \mathrm{e}^{\mathrm{j}\{[(p-q)+(m-n)\omega_k]+[(p^2-q^2)+(m^2-n^2)\varphi_k]\}} \end{aligned} \tag{9.10}$$

其中，$p,q,m,n \in [-M,M]$，c_{4,s_k} 代表第 k 个信号的四阶累积量。

为去除 φ_k 项而保留 ω_k 项，我们假定 $p=-q, m=-n$。则式(9.10)变为

$$\mathrm{cum}\{y_p(t), y_{-p}^*(t), y_{-n}(t), y_n^*(t)\} = \sum_{k=1}^{K} c_{4,s_k}\mathrm{e}^{\mathrm{j}2(p-n)\omega_k}, p,n \in [-M,M] \tag{9.11}$$

令 $\bar{p}=p+M+1, \bar{n}=n+M+1$。定义 $(2M+1)\times(2M+1)$ 的四阶累积量矩阵 $\boldsymbol{C}_1$，其第 $(\bar{p},\bar{n})$ 个元素为

$$C_1(\bar{p},\bar{n}) = \sum_{k=1}^{K} c_{4,s_k}\mathrm{e}^{\mathrm{j}2(\bar{p}-\bar{n})\omega_k}, \bar{p},\bar{n} \in [1,2M+1] \tag{9.12}$$

显然，式(9.12)只包含信源的DOA信息，并且当 $\bar{p}_1-\bar{n}_1=\bar{p}_2-\bar{n}_2$ 时，有 $C_1(\bar{p}_1,\bar{n}_1)=C_1(\bar{p}_2,\bar{n}_2)$，其中 $\bar{p}_1,\bar{n}_1,\bar{p}_2,\bar{n}_2 \in [1,2M+1]$。类似于上一章的 DOA 估计情况，我们可以通过求和平均运算将多测量矢量 MMV 问题转变为累积量域的虚拟单测量矢量 VSMV 问题，进而获得统计性能更好的向量观

测模型。定义为

$$\Gamma(l)=\begin{cases}\dfrac{1}{l}\sum\limits_{i=1}^{l}C_1(i,L+i-l), & l=1,\cdots,L\\ \dfrac{1}{2L-l}\sum\limits_{i=1}^{2L-l}C_1(L+1-i,2L-l+1-i), & \text{其他}\end{cases} \tag{9.13}$$

$\boldsymbol{\Gamma}$ 的矩阵形式表示为

$$\boldsymbol{\Gamma}=\sum_{k=1}^{K}\boldsymbol{a}_\omega(\theta_k)\boldsymbol{c}_{4,s_k}=\boldsymbol{A}_\omega(\theta)\boldsymbol{s}_c \tag{9.14}$$

其中，$\boldsymbol{A}_\omega(\theta)$ 为 $(4M+1)\times K$ 的虚拟导向矩阵，表示为

$$\boldsymbol{A}_\omega(\theta)=[\boldsymbol{a}_\omega(\theta_1),\cdots,\boldsymbol{a}_\omega(\theta_K)] \tag{9.15}$$

其第 k 列代表对应于第 k 个信号的虚拟导向矢量：

$$\boldsymbol{a}_\omega(\theta_k)=[\mathrm{e}^{-\mathrm{j}4M\omega_k},\cdots,1,\cdots,\mathrm{e}^{\mathrm{j}4M\omega_k}]^{\mathrm{T}} \tag{9.16}$$

$\boldsymbol{s}_c=[c_{4,s_1},\cdots,c_{4,s_K}]^{\mathrm{T}}$ 为 $K\times 1$ 的信号累积量向量。

由于已经假定 $d\leqslant\lambda/4$，因此基于式(9.14)进行的 DOA 估计并不会产生相位模糊问题。在稀疏信号表示框架下，式(9.14)可重新表示为

$$\boldsymbol{\Gamma}=\boldsymbol{A}_\omega(\Theta)\boldsymbol{s}_N \tag{9.17}$$

其中，$\boldsymbol{A}_\omega(\Theta)=[\boldsymbol{a}_\omega(\bar{\theta}_1),\cdots,\boldsymbol{a}_\omega(\bar{\theta}_N)]$代表过完备基矩阵；$\boldsymbol{\Theta}=\{\bar{\theta}_1,\cdots,\bar{\theta}_N\}$为潜在信源所在空域的网格序列；$\boldsymbol{s}_N=[c_{4,\bar{s}_1},\cdots,c_{4,\bar{s}_N}]^{\mathrm{T}}$ 为 K 稀疏的向量。当信号 k 从$\bar{\theta}_i$ 入射到阵列时，其第 i 个元素非零且等于 c_{4,s_k}，而其他元素为 0。

进一步，混合源的 DOA 参数可通过求解如下 l_1 范数约束的最小化问题获得：

$$\min\{(1-h)\|\boldsymbol{\Gamma}-\boldsymbol{A}_\omega(\Theta)\boldsymbol{s}_N\|_2+h\|\boldsymbol{s}_N\|_1\} \tag{9.18}$$

式(9.18)中，h 为权衡 l_2 范数和 l_1 范数的正则化参数。大量计算机仿真结果显示，高信噪比条件下 $h=0.6$ 是一个很好的选择。同时为保证估计精度，在低信噪比条件下可以采用 2 折交叉验证在 $h=0.6$ 附近选择更为合理的正则化参数。

为克服 l_1 范数约束估计偏的问题，本节借鉴重加权 l_1 范数约束[10]思想来改善估计性能，即将 DOA 估计问题转变为如下的加权最小化问题：

$$\min\left\{(1-h)\|\boldsymbol{\Gamma}-\boldsymbol{A}_\omega(\boldsymbol{\Theta})\boldsymbol{s}_N\|_2+h\sum_{i=1}^{N}w_i\left|s_N^{(i)}\right|\right\} \tag{9.19}$$

其中，权值 $w_i = 1/(\boldsymbol{s}_N^{(0)} + \varepsilon)$，$\boldsymbol{s}_N^{(0)}$ 为由式(9.18)获得的估计结果。参数 $\varepsilon(>0)$ 用以提供算法的稳定性，并保证 $\boldsymbol{s}_N^{(0)}$ 中的零值元素在式(9.19)中并不严格的为零值输出。如文献[10]所述，ε 的引入将很好地改善非零位置的估计，这意味着基于式(9.19)进行稀疏重构可以获得优于 LASSO 的 DOA 估计性能。通常 ε 设置为非零元素的 10%。求解式(9.19)的优化问题，并寻找非零元素或 K 个大元素的位置即可获得所有信源的 DOA 估计。

2. 距离参数估计

完成混合源的 DOA 估计后，下一步任务将估计对应于 DOA 的距离参数，并进一步区分远、近场源。为降低算法计算复杂度，本节令 $p = q + 1, m = -n$。则式(9.10)变为

$$
\begin{aligned}
&\operatorname{cum}\{y_p(t), y_{p-1}^*(t), y_m(t), y_{-m}^*(t)\} \\
&= \sum_{k=1}^{K} c_{4,s_k} \mathrm{e}^{\mathrm{j}[(2m+1)\omega_k + (2p-1)\varphi_k]}
\end{aligned}
\tag{9.20}
$$

其中，$m \in [-M, M]$，$p \in [-M+1, M]$。进一步，我们构建第二个 $(4M^2 + 2M) \times 1$ 的特殊累积量向量 $\boldsymbol{\Gamma}_1$。令 $\bar{l} = 2M \times (m+M) + p + M$，则 $\bar{l} \in [1, 4M^2 + 2M]$。$\boldsymbol{\Gamma}_1$ 的第 $(\bar{l}, 1)$ 个元素为

$$
\boldsymbol{\Gamma}_1(\bar{l}) = \sum_{k=1}^{K} c_{4,s_k} \mathrm{e}^{\mathrm{j}[(2m+1)\omega_k + (2p-1)\varphi_k]} \tag{9.21}
$$

为区分远近场源并在稀疏信号重构框架下获得近场源的距离参数。本节将近场区域(即菲涅尔区域，$[0.62(D^3/\lambda)^{1/2}, (2D^2/\lambda)]$，$D$ 代表阵列孔径)均匀地划分为 N_1 个网格，将远场区域($\gg 2D^2/\lambda$)均匀地划分为 N_2 个网格。相对应的网格序列分别表示为 $r_{\mathrm{N}} = [\bar{r}_{\mathrm{N},1}, \cdots, \bar{r}_{\mathrm{N},N_1}]$，$r_{\mathrm{F}} = [\bar{r}_{\mathrm{F},1}, \cdots, \bar{r}_{\mathrm{F},N_2}]$。

在稀疏表示框架下，$\boldsymbol{\Gamma}_1$ 重新表示为

$$
\boldsymbol{\Gamma}_1 = \boldsymbol{A}_{\hat{\theta}}(r_{\mathrm{N}}, r_{\mathrm{F}}) \boldsymbol{s}_{\mathrm{NF}} \tag{9.22}
$$

其中，$\boldsymbol{s}_{\mathrm{NF}}$ 为 $K \times (N_1 + N_2)$ 的信号向量。$\boldsymbol{A}_{\hat{\theta}}(\boldsymbol{r}_{\mathrm{N}}, \boldsymbol{r}_{\mathrm{F}})$ 为 $(4M^2 + 2M) \times K(N_1 + N_2)$ 的混合源过完备基矩阵，表示为

$$
\boldsymbol{A}_{\hat{\theta}}(\boldsymbol{r}_{\mathrm{N}}, \boldsymbol{r}_{\mathrm{F}}) = [\boldsymbol{A}_{\hat{\theta}_1}(\boldsymbol{r}_{\mathrm{N}}, \boldsymbol{r}_{\mathrm{F}}), \cdots, \boldsymbol{A}_{\hat{\theta}_K}(\boldsymbol{r}_{\mathrm{N}}, \boldsymbol{r}_{\mathrm{F}})] \tag{9.23}
$$

其中：

$$
\boldsymbol{A}_{\hat{\theta}_i}(\boldsymbol{r}_{\mathrm{N}}, \boldsymbol{r}_{\mathrm{F}}) = [b(\hat{\theta}_i, \bar{r}_{\mathrm{N},1}), \cdots, b(\hat{\theta}_i, \bar{r}_{\mathrm{N},N_1}), b(\hat{\theta}_i, \bar{r}_{\mathrm{F},1}), \cdots, b(\hat{\theta}_i, \bar{r}_{\mathrm{F},N_2})] \tag{9.24}
$$

$$
b(\hat{\theta}_i, \bar{r}) = [\mathrm{e}^{\mathrm{j}[(-2M+1)\omega_i + (-2M+1)\varphi_i]}, \cdots, \mathrm{e}^{\mathrm{j}[(2M-1)\omega_i + (2M-1)\varphi_i]}]^{\mathrm{T}} \tag{9.25}
$$

类似于 DOA 估计，混合源的距离估计也通过求解如下重加权 l_1 范数约束最小化问题得到：

$$\min\left\{(1-h)\|\boldsymbol{\Gamma}_1-\boldsymbol{A}_{\vartheta}(\boldsymbol{r}_{\mathrm{N}},\boldsymbol{r}_{\mathrm{F}})\boldsymbol{s}_{\mathrm{NF}}\|_2+h\sum_{i=1}^{N_{\mathrm{NF}}}\hat{w}_i\left|\boldsymbol{s}_{\mathrm{NF}}(i)\right|\right\} \tag{9.26}$$

其中，$N_{\mathrm{NF}}=K\times(N_1+N_2)$，权值 $\hat{w}_i$ 为

$$\hat{w}_i=\frac{1}{\boldsymbol{s}_{\mathrm{SF}}^{(0)}(i)+\varepsilon} \tag{9.27}$$

$\boldsymbol{s}_{\mathrm{SF}}^{(0)}(i)$ 为利用 l_1 范数约束/LASSO 得到的初始估计结果。基于式(9.26)进行稀疏重构即可获得距离参数。同时还可以通过判断谱峰位置来有效地区分远场源和近场源，即谱峰位于 $\boldsymbol{r}_{\mathrm{N}}$ 范围内时为近场源，位于 $\boldsymbol{r}_{\mathrm{F}}$ 范围内时为远场源。

本节算法可总结为如下步骤：

步骤 1：通过有限的采样值计算四阶累积量矩阵 $\boldsymbol{C}_1$，并通过求和平均运算构建第一个累积量向量 $\boldsymbol{\Gamma}=\boldsymbol{A}_{\omega}(\theta)\boldsymbol{s}_c$；

步骤 2：在角度域进行网格划分，并获得 $\boldsymbol{\Gamma}$ 的稀疏表示 $\boldsymbol{\Gamma}=\boldsymbol{A}_{\omega}(\Theta)\boldsymbol{s}_N$；

步骤 3：基于式(9.18)和(9.19)进行稀疏重构获得混合源的 DOA 估计；

步骤 4：构建第二个累积量向量 $\boldsymbol{\Gamma}_1$，并在角度估计的基础上进行距离网格划分，获得 $\boldsymbol{\Gamma}_1$ 的稀疏表示 $\boldsymbol{\Gamma}_1=\boldsymbol{A}_{\vartheta}(\boldsymbol{r}_{\mathrm{N}},\boldsymbol{r}_{\mathrm{F}})\boldsymbol{s}_{NF}$；

步骤 5：基于式(9.26)进行稀疏重构获得距离参数估计，并通过谱峰位置区分远、近场源。

本节算法不但适用于远近场混合源定位参数估计，同时也适用于远场源和近场源参数估计，是一类通用的算法。特别地，当一个远场源和一个近场源由相同方向入射到阵列时，算法仍能有效地区分它们。

3. 计算复杂度分析

l_1 范数约束稀疏重构算法的计算复杂度主要集中在稀疏重构过程。本节算法基于稀疏向量模型，致力于解决虚拟单测量矢量 VSMV 数据下的稀疏重构问题。假设空间角度域划分为 N 个网格，近场距离域划分为 N_1 个网格，远场距离域划分为 N_2 个网格，则利用内点法求解式(9.19)和式(9.26)的稀疏重构问题的复杂度为 $O\{2N^3+2K^3(N_1+N_2)^3\}$。同等条件下 Wang 等人[8,9]提出的稀疏混合源定位算法的复杂度为 $O\{K^3N^3+K^6(N_1+N_2)^3\}$。可见，当信源数大于 1 时，本节算法在计算复杂度层面将有很大的改善。众所周知，子

空间类混合源定位算法如两步 MUSIC 的计算复杂度主要由累积量矩阵构建及其特征值分解所主导,其复杂度为 $O(L^3)$。稀疏重构框架下通常假设 $N>L$,因此本章算法的计算复杂度将大于两步 MUSIC 算法。然而值得注意的是由于本节算法整个流程无须信号子空间与噪声子空间的正交性,也没做特征值分解(EVD)或奇异值分解(SVD),因此本章算法可以在无须信源数先验信息的情况下实现远近场混合源的区分和参数估计,这是子空间类方法所不能达到的。

9.2 基于稀疏重构和 MUSIC 的混合源 DOA 和距离估计算法

在 Wang 等人提出的稀疏混合源定位算法以及本章上节介绍的算法中,无论第 k 个信源是远场源还是近场源,在进行距离参数估计时均需要在近场区域和远场区域进行网格划分,这将导致算法效率的严重下降。同时上述两种方法均在累积量域构建稀疏观测模型,当信源信号为高斯信号时,算法往往失效。因此,本节致力于在二阶统计量域构建稀疏观测模型,并在 DOA 估计完成后对远场源和近场源进行区分,以便在距离参数估计时可以针对不同的信源进行更为合理的网格划分,最终提高算法的效率和适用性。

9.2.1 信号模型及假设

信号模型类似于上一节的远近场混合源观测模型,即式(9.1)。基于式(9.1)的阵列协方差矩阵表示为

$$\boldsymbol{R}=E\{\boldsymbol{y}(t)\boldsymbol{y}^{\mathrm{H}}(t)\}=\boldsymbol{APA}^{\mathrm{H}}+\sigma^2\boldsymbol{I}_{2M+1} \tag{9.28}$$

其中,$\boldsymbol{A}=[\boldsymbol{A}_{\mathrm{N}}\boldsymbol{A}_{\mathrm{F}}]$;$\boldsymbol{s}=[\boldsymbol{s}_{\mathrm{N}}^{\mathrm{T}}\boldsymbol{s}_{\mathrm{F}}^{\mathrm{T}}]^{\mathrm{T}}$;$\boldsymbol{P}=E\{\boldsymbol{s}(t)\boldsymbol{s}^{\mathrm{H}}(t)\}$代表信号协方差矩阵;$\boldsymbol{I}_{2M+1}$代表$(2M+1)\times(2M+1)$的单位矩阵,$L=2M+1$。

本节做如下假设:

假设 1:入射信源空域上易于区分,即信源角度和距离空域上不完全邻近;

假设 2:信源信号为零均值、彼此统计独立的随机过程;

假设 3:阵元上的噪声为零均值高斯白噪声,且与信源信号不相关;

假设 4:阵元间距 $d\leqslant\lambda/4$,信源个数 $K<M+1$,λ 为信源信号的波长。

9.2.2　基于稀疏重构和 MUSIC 的混合源 DOA 和距离估计

1. 角度参数估计

令 $r_{p,q}$ 代表第 p 个和第 q 个阵元输出的互相关系数，也即协方差矩阵 $\boldsymbol{R}$ 的第$(p+M+1,q+M+1)$个元素，定义为

$$r_{p,q}=E\{y_p(t)y_q^*(t)\}=\sum_{k=1}^{K}a_p(\omega_k,\varphi_k)a_q^*(\omega_k,\varphi_k)P_k+\sigma^2\delta_{p,q} \tag{9.29}$$

其中，$a_p(\omega_k,\varphi_k)$代表 $\boldsymbol{A}$ 的第$(p+M+1,k)$个元素；$\delta_{p,q}$代表狄克拉函数。

基于式(9.28)，可以得到阵列协方差矩阵 $\boldsymbol{R}$ 的反对角元素，表示为

$$\boldsymbol{R}(i,2M+2-i)=\sum_{k=1}^{K}P_k\mathrm{e}^{-\mathrm{j}2(M+1-i)\omega_k}+\sigma^2\delta_{i,2M+2-i} \tag{9.30}$$

其中，$i\in[1,2M+1]$。

对于所有 i，本节构建如下$(2M+1)\times1$ 的观测模型：

$$\boldsymbol{\Gamma}_2=[\boldsymbol{R}(1,2M+1),\cdots,\boldsymbol{R}(2M+1,1)]^{\mathrm{T}}=\boldsymbol{Bp}+\sigma^2\boldsymbol{i}_M \tag{9.31}$$

其中

$$\boldsymbol{B}=[\boldsymbol{b}(\theta_1),\cdots,\boldsymbol{b}(\theta_K)] \tag{9.32}$$

$$\boldsymbol{b}(\theta_k)=[\mathrm{e}^{-\mathrm{j}2M\omega_k},\mathrm{e}^{-\mathrm{j}2(M-1)\omega_k},\cdots,1,\cdots,\mathrm{e}^{\mathrm{j}2M\omega_k}]^{\mathrm{T}} \tag{9.33}$$

$\boldsymbol{p}=[P_1,\cdots,P_K]^{\mathrm{T}}$；$\boldsymbol{i}_M$ 是$(2M+1)\times1$ 的向量，其第 M 个元素为 1 其他元素为 0。

假定信源数 K 已知或已通过 AIC、MDL 准则准确估计。则噪声方差可通过对协方差矩阵 $\boldsymbol{R}$ 的 $2M+1-K$ 个小特征值进行平均运算获得。进而得到无噪的观测模型：

$$\boldsymbol{\Gamma}_3=\boldsymbol{\Gamma}_2-\sigma^2\boldsymbol{i}_M=\boldsymbol{Bp} \tag{9.34}$$

式(9.34)体现了信源的空间特性，只包含信源的 DOA 和功率信息。

在稀疏信号表示框架下，式(9.34)可重新写为

$$\boldsymbol{\Gamma}_3=\boldsymbol{B}_\omega(\Theta)\boldsymbol{p}_N \tag{9.35}$$

其中，$\boldsymbol{B}_\omega(\Theta)=[\boldsymbol{b}_\omega(\bar{\theta}_1),\cdots,\boldsymbol{b}_\omega(\bar{\theta}_N)]$代表过完备基矩阵。$\Theta=\{\bar{\theta}_1,\cdots,\bar{\theta}_N\}$代表潜在信源所在空域的抽样网格序列，$\boldsymbol{p}_N=[\bar{P}_1,\cdots,\bar{P}_N]^{\mathrm{T}}$ 为 K 稀疏的向量。当信号 k 从$\bar{\theta}_i$ 入射到阵列时，其第 i 个元素非零且等于 P_k，而其他元素为 0。

于是，所有信源的 DOA 估计可以通过求解如下的 l_1 范数约束最小化/LASSO 问题获得：

$$\min\{(1-h)\|\boldsymbol{\Gamma}_3-\boldsymbol{B}_\omega(\Theta)\boldsymbol{p}_N\|_2+h\|\boldsymbol{p}_N\|_1\} \tag{9.36}$$

为克服因 ℓ_1 范数约束不公平而带来的估计偏的问题，本节利用信号子空间与噪声子空间的正交性构建权值来改善估计性能。

将向量数据 $\boldsymbol{\Gamma}_3$ 划分为 $\bar{L}(>K)$ 个均等长度的子向量，每个子向量包含 $2M+2-\bar{L}(>K)$ 个元素，进而形成 $(2M+2-\bar{L})\times\bar{L}$ 的矩阵：

$$\boldsymbol{y}_1 = \boldsymbol{B}_1\boldsymbol{P}_{\bar{L}} \tag{9.37}$$

其中：

$$\boldsymbol{B}_1 = [\boldsymbol{b}_1(\theta_1),\cdots,\boldsymbol{b}_1(\theta_K)] \tag{9.38}$$

$$\boldsymbol{b}_1(\theta_k) = [\mathrm{e}^{-\mathrm{j}2(M+1)\omega_k},\cdots,\mathrm{e}^{\mathrm{j}2(M-\bar{L})\omega_k}]^{\mathrm{T}} \tag{9.39}$$

$$\boldsymbol{P}_{\bar{L}} = [\bar{\boldsymbol{p}}_1,\cdots,\bar{\boldsymbol{p}}_{\bar{L}}] \tag{9.40}$$

$$\bar{\boldsymbol{p}}_l = [P_1\mathrm{e}^{\mathrm{j}2l\omega_k},\cdots,P_K\mathrm{e}^{\mathrm{j}2l\omega_K}]^{\mathrm{T}} \tag{9.41}$$

由 $\bar{L}$ 组数据，可以得到 $\boldsymbol{y}_1$ 的协方差矩阵 $\boldsymbol{R}_1$，表示为

$$\boldsymbol{R}_1 = \frac{1}{\bar{L}}\sum_{l=1}^{\bar{L}}\boldsymbol{B}_1\bar{\boldsymbol{p}}_l\bar{\boldsymbol{p}}_l^{\mathrm{H}}\boldsymbol{B}_1^{\mathrm{H}} \tag{9.42}$$

令 $\boldsymbol{U}_{\mathrm{n}}$ 代表对应于 $\boldsymbol{R}_1$ 的 $2M+2-\bar{L}-K$ 个小特征值的噪声子空间矩阵，则构建的权值 w_i 为

$$w_i = \boldsymbol{b}_1^{\mathrm{H}}(\bar{\theta}_i)\boldsymbol{U}_{\mathrm{n}}\boldsymbol{U}_{\mathrm{n}}^{\mathrm{H}}\boldsymbol{b}_1(\bar{\theta}_i) \tag{9.43}$$

如果 $\bar{\theta}_i$ 对应于信源的 DOA，则由于 $\boldsymbol{b}_1(\bar{\theta}_i)$ 与 $\boldsymbol{U}_{\mathrm{n}}$ 的正交性，权值 w_i 为小的系数，反之为大的系数。进而更加精确的 DOA 估计可通过如下加权 ℓ_1 范数约束最小化/weighted LASSO 问题获得：

$$\min\{(1-h)\|\boldsymbol{\Gamma}_3-\boldsymbol{B}_\omega(\Theta)\boldsymbol{p}_N\|_2+h\|\boldsymbol{W}\boldsymbol{p}_N\|_1\} \tag{9.44}$$

其中，$\boldsymbol{W} = \mathrm{diag}\{w_1,\cdots,w_N\}$。基于式(9.44)进行稀疏重构并通过寻找 K 个大的非零元素的位置即获得所有信源的 DOA 估计。

2. 远近场源区分

虽然我们已经获得了所有信源的 DOA 估计，然而到目前为止还未将远场源和近场源区分开。从原理上讲，可以直接采用上一节的距离网格划分思想进行稀疏重构来获得距离估计并区分远场源和近场源。然而无论第 k 个信源是远场源还是近场源均要在远场区域和近场区域进行网格划分，因此这种操作无疑会带来很大的计算负担。

根据 2D-MUSIC 算法的原理，2 维空间谱将会出现 K 个谱峰，其中 $K-K_1$ 个谱峰对应于远场源并出现在 $r=\infty$ 和 $\theta=\theta_k, k=1,\cdots,K-K_1$。也就是

说，$K-K_1$ 个远场源 DOA 可以通过如下的一维谱函数获得：

$$f(\theta)=[\boldsymbol{a}_N^{\mathrm{H}}(\theta,\infty)\boldsymbol{E}_{\mathrm{n}}\boldsymbol{E}_{\mathrm{n}}^{\mathrm{H}}\boldsymbol{a}_N(\theta,\infty)]^{-1} \tag{9.45}$$

其中，E_n 代表$(2M+1)\times(2M+1-K)$的噪声子空间矩阵。事实上，由于充分利用了阵列协方差矩阵数据，基于式(9.45)可以获得更好的远场源 DOA 估计性能。同时，结合式(9.44)的估计结果，即可以简单有效地区分远场源和近场源。

(3)距离参数估计

为在稀疏重构框架下获得距离估计，将近场区域(即菲涅尔区域)均匀地划分为 N_1 个网格，并设定网格序列为 $\boldsymbol{r}_N=[\bar{r}_1,\cdots,\bar{r}_{N_1}]$。则式(9.28)的稀疏表示为

$$\boldsymbol{R}=\boldsymbol{A}_{\hat{\theta},r}\boldsymbol{X}+\sigma^2\boldsymbol{I}_{2M+1} \tag{9.46}$$

其中，$\boldsymbol{X}$ 为矩阵 $\boldsymbol{PA}^{\mathrm{H}}$ 的稀疏表示，$\boldsymbol{A}_{\hat{\theta},r}$ 为过完备基矩阵，表示为

$$\boldsymbol{A}_{\hat{\theta},r}=[\boldsymbol{A}_{\hat{\theta}_1,r_N},\cdots,\boldsymbol{A}_{\hat{\theta}_{K_1},r_N},\boldsymbol{a}_F(\hat{\theta}_{K_1+1}),\cdots,\boldsymbol{a}_F(\hat{\theta}_K)] \tag{9.47}$$

$$\boldsymbol{A}_{\hat{\theta}_{k_1},r_N}=[\boldsymbol{a}_N(\hat{\theta}_{k_1},\bar{r}_1),\cdots,\boldsymbol{a}_N(\hat{\theta}_{k_1},\bar{r}_{N_1})] \tag{9.48}$$

通过减去噪声项，获得无噪模型为

$$\boldsymbol{R}_2=\boldsymbol{R}-\sigma^2\boldsymbol{I}_{2M+1}=\boldsymbol{A}_{\hat{\theta},r}\boldsymbol{X} \tag{9.49}$$

为降低计算复杂度，对 $\boldsymbol{R}_2$ 进行奇异值分解 SVD 为

$$\boldsymbol{R}_{\mathrm{SV}}=\boldsymbol{A}_{\hat{\theta},r}\boldsymbol{X}_{\mathrm{SV}} \tag{9.50}$$

其中，$\boldsymbol{R}_2=\boldsymbol{USV}^{\mathrm{H}}$，$\boldsymbol{R}_{\mathrm{SV}}=\boldsymbol{R}_2\boldsymbol{VW}_K$，$\boldsymbol{X}_{\mathrm{SV}}=\boldsymbol{XVW}_K$，$\boldsymbol{W}_K=[\boldsymbol{I}_K,0]^{\mathrm{T}}$，$\boldsymbol{I}_K$ 和 $\boldsymbol{0}$ 分别代表 $K\times K$ 的单位矩阵和 $K\times(2M+1-K)$的零值矩阵。定义 $\bar{\boldsymbol{x}}^{(\ell_2)}=[\bar{x}_1^{(\ell_2)},\bar{x}_2^{(\ell_2)},\cdots,x_{N_2}^{(\ell_2)}]^{\mathrm{T}}$，其中$\bar{x}_\kappa^{(\ell_2)}$ 代表 $\boldsymbol{X}_{\mathrm{SV}}$的第 κ 行的 ℓ_2 范数，$\boldsymbol{N}_2=(K-K_1)N_1+K_1$。进而近场源的距离估计参数可通过如下加权 ℓ_1 范数约束最小化/weighted LASSO 问题获得：

$$\min\left\{(1-h)\|\boldsymbol{R}_{\mathrm{SV}}-\boldsymbol{A}_{\hat{\theta},r}\boldsymbol{X}_{\mathrm{SV}}\|_F+h\sum_{\kappa=1}^{N_2}\bar{w}_\kappa\left|\bar{x}_\kappa^{(\ell_2)}\right|\right\} \tag{9.51}$$

其中，$\|\cdot\|_F$ 代表 F 范数，权值$\bar{w}_\kappa$ 为

$$\bar{w}_\kappa=\boldsymbol{A}_{\hat{\theta},r}(:,\kappa)^H\boldsymbol{E}_n\boldsymbol{E}_n^H\boldsymbol{A}_{\hat{\theta},r}(:,\kappa) \tag{9.52}$$

其中，$\boldsymbol{A}_{\hat{\theta},r}(:,\kappa)$为 $\boldsymbol{A}_{\hat{\theta},r}$的第 κ 列。

本节所介绍算法致力于解决二阶统计量域下的稀疏重构问题，适用于高斯和非高斯信号。由于在估计角度时基于向量稀疏表示模型，而在估计距离

时针对近场源和远场源分别划分网格，因此本章算法计算复杂度为$O\{N^3+K^3N_2^3\}$，明显低于 Wang 等人提出的稀疏混合源定位算法。

9.3 习题

(1)对于一个多测量矢量 MMV 优化问题$\boldsymbol{Y}=\boldsymbol{BX}+\boldsymbol{N}$($\boldsymbol{Y}$ 和 $\boldsymbol{N}$ 分别为 $M\times T$ 的接收数据和噪声数据，$\boldsymbol{B}$ 为 $M\times G$ 的过完备基矩阵，$\boldsymbol{X}$ 为 $G\times T$ 的行稀疏矩阵)，其利用二阶锥规划进行求解的计算复杂度(即复数乘法次数)是多少?

(2)本章算法中在利用四阶累积量进行 DOA 估计时，为什么假定 $p=-q$，$m=-n$?

(3)直接构建一个二维(沿角度和距离)稀疏重构优化问题进行远近场混合源定位是否可行? 为什么?

(4)分析说明为什么对 $\boldsymbol{R}_2$ 进行奇异值分解 SVD 后仍可以有效保留近场源的定位参量信息?

参考文献

[1] ARSLAN G, SAKARYA F A, EVANS B L. Speaker localization for far-field and near-field wideband sources using neural networks [C]. Proceedings of the IEEE EURASIP Workshop on Nonlinear Signal Image Processing, Antalya, Turkey, 1999, 2, 528-532.

[2] MUKAI R, SAWADA H, ARAKI S, et al. Frequency-domain blind source separation of many speech signals using near-field and far-field models [J]. EURASIP Journal on Applied Signal Processing, 2006, 1-16.

[3] ARGENTIERI S, DANES P, SOUERES P. Modal analysis based beamforming for nearfield or farfield speaker localization in robotics [C]. Proceedings of 2006 IEEE/RSJ International Conference on Intelligent Robots and Systems, Beijing, China, 2006.

[4] KENNEDY R A, WARD D B, THUSHARA P, et al. Nearfield beamforming using nearfield/farfield reciprocity [C]. Proceedings of the IEEE InternationalConference on Acoustics, Speech and Signal Process-

ing (ICASSP'1999),1999,3741-3744.

[5] CANDES E J, WAKIN M B, BOYD S P. Enhancing sparsity by reweighted ℓ_1 minimization [J]. Journal of Fourier analysis and applications,2008,14(5-6):877-905.

[6] LIANG J L,LIU D. Passive localization of mixed near-field and far-field sources using two-stage MUSIC algorithm [J]. IEEE Transaction on Signal Processing,2010,58(1):108-120.

[7] HE J,SWAMY M N S,AHMAD M O. Efficient application of MUSIC algorithm under the coexistence of far-field and near-field sources [J]. IEEE Transaction on Signal Processing,2012,60(4):2066-2070.

[8] WANG B,ZHAO Y,LIU J. Mixed-order MUSIC algorithm for localization of far-field and near-field sources [J]. IEEE Signal Processing Letters,2013,20(4):311-314.

[9] WANG B,LIU J J,SUN X Y. Mixed sources localization based on sparse signal reconstruction [J]. IEEE Signal Processing Letters,2012,19(8):487-490.

[10] STURM J. Using SeDuMi 1.02,a MATLAB toolbox for optimization over symmetric cones [J]. Optimization Methods and Software,1999,11(1-4):625-656.

第10章　基于稀疏重构的DOA、功率和极化参数估计算法

相对于标量传感器阵列而言，极化敏感阵列具有更强的抗干扰能力和更高的分辨率等诸多优势。这些优势使其具有重要的军事、民事应用价值以及广阔的应用前景。近二十年来，国内外学者将极化敏感阵列引入到阵列信号参量估计领域中并进行了深入的研究，取得了大量的成果。其中，最引人注目的是基于子空间理论的极化敏感阵列到达角和极化参数联合估计算法，主要包括极化 MUSIC 方法[1-3]、极化 Root-MUSIC 方法[4]，以及极化类 ESPRIT 方法[5-6]等等。然而，与标量传感器阵列下的信源参数估计一样，上述方法由于子空间理论框架的固有局限性，在信源数未知、低 SNR 以及空间间距很近的情况下通常仍不能达到令人满意的估计结果。

稀疏信号重构理论的出现为解决极化敏感阵列下的高性能参量估计问题提供了新的途径。然而，目前标量传感器阵列下具有代表性的稀疏重构方法，如 ℓ_1-SVD、SPSF 和 ℓ_1-SRACV 方法虽然可以直接拓展至极化敏感阵列，但由于估计偏的问题，事实上它们并不能提供精确的多参数（尤其是极化参数）估计性能。为此，本章将借助交叉电偶极阵列深入研究如何在稀疏信号重构框架下获得稳健的多参数估计，并为稀疏重构应用于极化敏感阵列奠定初步的理论基础。

10.1　交叉电偶极子阵的远场源模型

假设 K 个远场窄带不相关信源入射到由 L 个交叉电偶极子对组成的均匀线性阵列，阵列结构如图 10.1 所示，阵元间距为 d，偶极子对均匀分布在 y 轴上，分别感应入射信号在 x 轴和 y 轴方向的电场分量。对于一个入射到阵列的完全极化横向 TEM 电磁波，假定从坐标原点观看得到的电场极化状态为椭圆极化。则电场可被描述为

$$\boldsymbol{E} = E_\varphi \boldsymbol{\varphi} + E_\theta \boldsymbol{\theta} \tag{10.1}$$

其中，E_φ 为水平分量，E_θ 为垂直分量，$\boldsymbol{\varphi}$ 和 $\boldsymbol{\theta}$ 为沿方位角 φ 和俯仰角 θ 的球形单位向量。

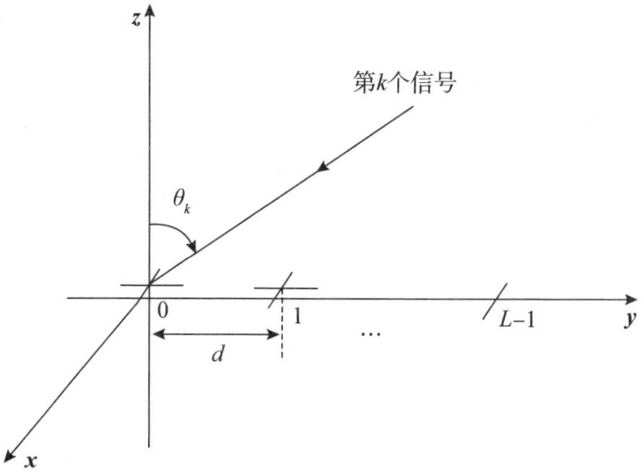

图 10.1　均匀线性交叉电偶极子阵

为了方便且不失一般性，假设所有信源均位于 y-z 平面，即信源俯仰角为 $\varphi=90°$，$\boldsymbol{\varphi}=-\boldsymbol{x}$，则式(10.1)变为

$$\boldsymbol{E} = -E_\varphi \boldsymbol{x} + E_\theta \boldsymbol{\theta} = -E_\varphi \boldsymbol{x} + E_\theta \cos(\theta)\boldsymbol{y} - E_\theta \sin(\theta)\boldsymbol{z} \tag{10.2}$$

其中，$\boldsymbol{i}$，$\boldsymbol{j}$ 和 $\boldsymbol{k}$ 分别代表沿 x 轴、y 轴和 z 轴方向的单位矢量。进而极化信号可被描述为

$$E_\varphi = E_0 \cos(\gamma) \tag{10.3}$$

$$E_\theta = E_0 \sin(\gamma) \mathrm{e}^{\mathrm{j}\eta} \tag{10.4}$$

其中，$\gamma \in [0,\pi/2)$ 为信号的辅助极化角；$\eta \in [-\pi,\pi)$ 为极化相位差；E_0 为非零复值信号幅度。于是式(10.2)可写为

$$\boldsymbol{E} = -E_\varphi \boldsymbol{i} + E_\theta \boldsymbol{\theta} = E_0(-\cos(\gamma)\boldsymbol{i} + \sin(\gamma)\cos(\theta)\mathrm{e}^{\mathrm{j}\eta}\boldsymbol{j} - \sin(\gamma)\sin(\theta)\mathrm{e}^{\mathrm{j}\eta}\boldsymbol{k}) \tag{10.5}$$

以第 0 个阵元为相位参考点，则第 m 个阵元中两个偶极子在 x 轴方向和 y 轴方向的输出可表示为

$$u_m^{[x]}(t) = -\sum_{k=1}^{K} s_k(t)\cos(\gamma_k)\mathrm{e}^{\mathrm{j}m\omega_k} + n_m^{[x]}(t) \tag{10.6}$$

$$u_m^{[y]}(t) = \sum_{k=1}^{K} s_k(t)\cos(\theta_k)\sin(\gamma_k)\mathrm{e}^{\mathrm{j}\eta_k}\mathrm{e}^{\mathrm{j}m\omega_k} + n_m^{[y]}(t) \tag{10.7}$$

其中，$0 \leqslant m \leqslant L-1$，$n_m^{[x]}(t)$ 和 $n_m^{[y]}(t)$ 为加性高斯白噪声，$s_k(t)$ 代表第 k 个信

号，$\omega_k=-2\pi d\sin(\theta_k)/\lambda$，$\lambda$ 代表载波波长。

式(10.6)和式(10.7)的矩阵形式为

$$\boldsymbol{u}^{[l]}(t)=\boldsymbol{B}\boldsymbol{s}^{[l]}(t)+\boldsymbol{n}^{[l]}(t),\quad l=x,y \tag{10.8}$$

其中，$\boldsymbol{B}\triangleq[\boldsymbol{b}(\theta_1),\cdots,\boldsymbol{b}(\theta_K)]$代表 $L\times K$ 的阵列导向矩阵，其第 k 列代表第 k 个信号的导向矢量，表示为

$$\boldsymbol{b}(\theta_k)=[1,\mathrm{e}^{-\mathrm{j}2\pi d\sin(\theta_k)/\lambda},\cdots,\mathrm{e}^{-\mathrm{j}2\pi(L-1)d\sin(\theta_k)/\lambda}]^{\mathrm{T}} \tag{10.9}$$

并且

$$\boldsymbol{u}^{[l]}(t)=[u_0^{[l]}(t),u_1^{[l]}(t),\cdots,u_{M-1}^{[l]}(t)]^{\mathrm{T}} \tag{10.10}$$

$$\boldsymbol{n}^{[l]}(t)=[n_0^{[l]}(t),n_1^{[l]}(t),\cdots,n_{M-1}^{[l]}(t)]^{\mathrm{T}} \tag{10.11}$$

$$\boldsymbol{s}^{[x]}(t)=-[s_1(t)\cos(\gamma_1),\cdots,s_K(t)\cos(\gamma_K)]^{\mathrm{T}} \tag{10.12}$$

$$\boldsymbol{s}^{[y]}(t)=[s_1(t)\cos(\theta_1)\sin(\gamma_1)\mathrm{e}^{\mathrm{j}\eta_1},\cdots,s_K(t)\cos(\theta_K)\sin(\gamma_K)\mathrm{e}^{\mathrm{j}\eta_K}]^{\mathrm{T}} \tag{10.13}$$

为清晰地说明该算法的原理而又不失一般性，本节做如下假设：

假设 1：电磁波传播的媒介是各向同性、均匀、线性和非色散的；

假设 2：信源信号为零均值、彼此统计独立的随机过程；

假设 3：阵元上的噪声为零均值高斯白噪声，且与信源信号不相关；

假设 4：阵元间距 $d\leqslant\lambda/2$，信源个数 $K<L$。

10.2 基于稀疏重构的 DOA、功率和极化参数估计

10.2.1 算法基本原理

1. 角度参数估计

基于式(10.8)，我们可以得到 $L\times L$ 的阵列协方差矩阵和互协方差矩阵，分别表示为

$$\begin{aligned}\boldsymbol{R}^{[xx]}&=E\{\boldsymbol{u}^{[x]}(t)\boldsymbol{u}^{[x]}(t)^{\mathrm{H}}\}\\&=\sum_{k=1}^{K}P_k\cos^2(\gamma_k)\hat{\boldsymbol{b}}(\theta_k)+\sigma^2\boldsymbol{I}_L\end{aligned} \tag{10.14}$$

$$\begin{aligned}\boldsymbol{R}^{[yy]}&=E\{\boldsymbol{u}^{[y]}(t)\boldsymbol{u}^{[y]}(t)^{\mathrm{H}}\}\\&=\sum_{k=1}^{K}P_k\cos^2(\theta_k)\sin^2(\gamma_k)\hat{\boldsymbol{b}}(\theta_k)+\sigma^2\boldsymbol{I}_L\end{aligned} \tag{10.15}$$

$$\boldsymbol{R}^{[xy]}=E\{\boldsymbol{u}^{[x]}(t)\boldsymbol{u}^{[y]}(t)^{\mathrm{H}}\}=-\sum_{k=1}^{K}P_k\cos(\theta_k)\cos(\gamma_k)\sin(\gamma_k)\mathrm{e}^{-\mathrm{j}\eta_k}\hat{\boldsymbol{b}}(\theta_k)\tag{10.16}$$

$$\boldsymbol{R}^{[yx]}=E\{\boldsymbol{u}^{[y]}(t)\boldsymbol{u}^{[x]}(t)^{\mathrm{H}}\}=-\sum_{k=1}^{K}P_k\cos(\theta_k)\cos(\gamma_k)\sin(\gamma_k)e^{\mathrm{j}\eta_k}\hat{\boldsymbol{b}}(\theta_k)\tag{10.17}$$

其中，$\hat{\boldsymbol{b}}(\theta_k)=\boldsymbol{b}(\theta_k)\boldsymbol{b}^{\mathrm{H}}(\theta_k)$；$P_k$ 和 σ^2 分别代表第 k 个信号和噪声的功率；$\boldsymbol{I}_L$ 代表 $L\times L$ 的单位矩阵。

借鉴空间稀疏谱匹配的思想，对阵列协方差矩阵和互协方差矩阵进行向量化处理后得

$$\boldsymbol{y}_1\triangleq\mathrm{vec}(\boldsymbol{R}^{[xx]})=\mathrm{vec}(E\{\boldsymbol{u}^{[x]}(t)\boldsymbol{u}^{[x]}(t)^{\mathrm{H}}\})=\sum_{k=1}^{K}P_k\cos^2(\gamma_k)\boldsymbol{a}^2(\theta_k)+\sigma^2\boldsymbol{\Pi}\tag{10.18}$$

$$\boldsymbol{y}_2\triangleq\mathrm{vec}(\boldsymbol{R}^{[yy]})=\mathrm{vec}(E\{\boldsymbol{u}^{[y]}(t)\boldsymbol{u}^{[y]}(t)^{\mathrm{H}}\})=\sum_{k=1}^{K}P_k\cos^2(\theta_k)\sin^2(\gamma_k)\boldsymbol{a}(\theta_k)+\sigma^2\boldsymbol{\Pi}\tag{10.19}$$

$$\boldsymbol{y}_3\triangleq\mathrm{vec}(\boldsymbol{R}^{[xy]})=\mathrm{vec}(E\{\boldsymbol{u}^{[x]}(t)\boldsymbol{u}^{[y]}(t)^{\mathrm{H}}\})=-\sum_{k=1}^{K}P_k\cos(\theta_k)\cos(\gamma_k)\sin(\gamma_k)\mathrm{e}^{-\mathrm{j}\eta_k}\boldsymbol{a}(\theta_k)\tag{10.20}$$

$$y_4\triangleq\mathrm{vec}(R^{[yx]})=\mathrm{vec}(E\{\boldsymbol{u}^{[y]}(t)\boldsymbol{u}^{[x]}(t)^{H}\})=-\sum_{k=1}^{K}P_k\cos(\theta_k)\cos(\gamma_k)\sin(\gamma_k)\mathrm{e}^{\mathrm{j}\eta_k}\boldsymbol{a}(\theta_k)\tag{10.21}$$

其中，$\boldsymbol{a}(\theta_k)=\mathrm{vec}(\hat{\boldsymbol{b}}(\theta_k))$，$\boldsymbol{\Pi}=\mathrm{vec}(\boldsymbol{I}_L)$，$\mathrm{vec}(\cdot)$代表向量化操作。

为在稀疏表示框架下进行信源多参数估计，对整个空域进行均匀网格划分形成序列 $\Theta=\{\bar{\theta}_1,\bar{\theta}_2,\cdots,\bar{\theta}_N\}$，其中 $N(\gg K)$代表网格数。假设所有信源的方向均位于 N 个网格内，则信源的 DOA 估计可转化为如下的群稀疏表示问题：

$$\boldsymbol{y}=[\boldsymbol{y}_1\boldsymbol{y}_2\boldsymbol{y}_3\boldsymbol{y}_4]=\boldsymbol{A}(\Theta)\boldsymbol{S}+\boldsymbol{N}\tag{10.22}$$

其中，$\boldsymbol{A}(\Theta)=[\boldsymbol{a}(\bar{\theta}_1),\cdots,\boldsymbol{a}(\bar{\theta}_{\bar{K}})]$代表过完备基矩阵；$\boldsymbol{S}=[\boldsymbol{s}_1\boldsymbol{s}_2\boldsymbol{s}_3\boldsymbol{s}_4]$；$\boldsymbol{s}_{\bar{p}}$代表 K 稀疏的向量，$\bar{p}\in\{1,2,3,4\}$。当信号 k 从$\bar{\theta}_i$ 入射到阵列时，$\boldsymbol{s}_{\bar{p}}$ 中第 i 个元素非零，而其他元素为 0。

实际中，由于有限的样本数，我们只可以得到阵列协方差矩阵和互协方差矩阵的估计值，即 $\hat{\boldsymbol{R}}^{[xx]}$，$\hat{\boldsymbol{R}}^{[yy]}$，$\hat{\boldsymbol{R}}^{[xy]}$，$\hat{\boldsymbol{R}}^{[yx]}$。但当样本数足够多时，估计值与真

值是近似相等的。假定信源数 K 已知或已通过 AIC、MDL 准则准确估计，则通过对 $\hat{\boldsymbol{R}}^{[xx]}$ 和 $\hat{\boldsymbol{R}}^{[yy]}$ 进行特征值分解即可得到噪声方差的估计值 $\hat{N}$。进而信源的 DOA 估计参数即可通过求解如下的 group LASSO 问题获得

$$\min\{\|\dot{\boldsymbol{y}}-A(\Theta)\boldsymbol{S}-\dot{\boldsymbol{N}}\|_F^2+h\|\tilde{\boldsymbol{s}}^{(l_2)}\|_1\} \tag{10.23}$$

其中，$\|\cdot\|_F$ 代表 F 范数，h 为权衡 F 范数和 l_1 范数的正则化参数。

$$\tilde{\boldsymbol{s}}^{(l_2)}=[\tilde{s}_1^{(l_2)},\cdots,\tilde{s}_{N^2}^{(l_2)}]^{\mathrm{T}} \tag{10.24}$$

式中，$\tilde{s}_i^{(l_2)}$ 为 $\boldsymbol{S}$ 中对应于第 i 行的 l_2 范数。

为克服 l_1 范数约束估计偏的问题，本节采用加权 group LASSO 来改善 DOA 估计精度。令 $\hat{\boldsymbol{U}}_n$ 代表矩阵 $(\boldsymbol{R}^{[xx]}+\boldsymbol{R}^{[yy]})/2$ 的 $L-K$ 个小特征值对应的噪声子空间矩阵，则权值为

$$\hat{\omega}_i=\boldsymbol{b}(\bar{\theta}_i)^{\mathrm{H}}\hat{\boldsymbol{U}}_{\mathrm{n}}\hat{\boldsymbol{U}}_{\mathrm{n}}^{\mathrm{H}}\boldsymbol{b}(\bar{\theta}_i) \tag{10.25}$$

则用于 DOA 估计的加权 group LASSO 表示为

$$\min\left\{\|\hat{\boldsymbol{y}}-\boldsymbol{A}(\Theta)\boldsymbol{S}-\hat{\boldsymbol{N}}\|_F^2+h\sum_{i=1}\hat{\omega}_i\,|\tilde{s}_i^{(l_2)}|\right\} \tag{10.26}$$

优化问题(10.26)可通过二阶锥规划 SOC 进行有效求解。令 $\boldsymbol{w}=[\hat{\omega}_1,\cdots,\hat{\omega}_N]^{\mathrm{T}}$，$\boldsymbol{r}=[r_1,\cdots,r_N]^{\mathrm{T}}$，则标准的二阶锥规划形式为

$$\begin{aligned}
&\min\ p+hq\\
&\text{s.t.}\ \|(\boldsymbol{z}_1^{\mathrm{T}},\cdots,\boldsymbol{z}_4^{\mathrm{T}})\|_2^2\leqslant p,\boldsymbol{w}^T\boldsymbol{r}\leqslant q\\
&|\tilde{s}_i^{(l_2)}|\leqslant r_i,\quad i=1,\cdots,N\\
&\boldsymbol{z}_k=\hat{\boldsymbol{y}}(k)-\boldsymbol{A}(\Theta)\boldsymbol{S}(k)-\hat{\boldsymbol{N}}(k),\quad k=1,\cdots,4
\end{aligned} \tag{10.27}$$

2. 极化参数和功率参数估计

为进一步获得极化参数和功率参数估计，我们考虑如下的稀疏表示问题：

$$\boldsymbol{y}_1=\boldsymbol{A}(\Theta)\boldsymbol{s}_1+\sigma^2\boldsymbol{\Pi} \tag{10.28}$$

$$\boldsymbol{y}_2=\boldsymbol{A}(\Theta)\boldsymbol{s}_2+\sigma^2\boldsymbol{\Pi} \tag{10.29}$$

$$\boldsymbol{y}_5=-(\boldsymbol{y}_3+\boldsymbol{y}_4)/2=\boldsymbol{A}(\Theta)\boldsymbol{s}_5 \tag{10.30}$$

$$\boldsymbol{y}_6=-\mathrm{j}(\boldsymbol{y}_3-\boldsymbol{y}_4)/2=\boldsymbol{A}(\Theta)\boldsymbol{s}_6 \tag{10.31}$$

其中，$\boldsymbol{s}_1$，$\boldsymbol{s}_2$，$\boldsymbol{s}_5$ 和 $\boldsymbol{s}_6$ 均为 K 稀疏的 $N\times1$ 向量。如果信源 k 从 $\bar{\theta}_i$ 入射到阵列，则它们第 i 个元素为非零值且分别等于 $P_k\cos(\gamma_k)$，$P_k\cos^2(\theta_k)\sin^2(\gamma_k)$，$P_k\cos(\theta_k)\cos(\gamma_k)\sin(\gamma_k)\cos(\eta_k)$ 和 $P_k\cos(\theta_k)\cos(\gamma_k)\sin(\gamma_k)\sin(\eta_k)$。显然地，当 $\boldsymbol{s}_\kappa$ 被重构出来后，$\kappa\in\{1,2,5,6\}$，信源的功率和极化参数也将相继地得到。

不同于 DOA 估计情况，为了获得良好的功率和极化参数估计，$\boldsymbol{s}_\kappa$ 中非零元素的幅度和位置均需要精确地得到，这意味着我们需要一个统计上无偏且选择一致性的重构算法。因此本节将第 3 章中应用的 l_0 范数逼近算法拓展至此，进而将本节涉及的 DOA 和极化参数估计问题转化为如下重加权 LASSO 优化问题：

$$\min\|\hat{\boldsymbol{y}}_\kappa-\boldsymbol{A}(\Theta)\boldsymbol{s}_\kappa-\sigma^2\boldsymbol{\Pi}\|_2^2+\frac{h}{\tau}\sum_{i=1}^{N}|\boldsymbol{s}_\kappa(i)|I(|\hat{\boldsymbol{s}}_\kappa^{(\bar{m}-1)}|\leqslant\tau_\kappa),\kappa=1,2 \tag{10.32}$$

$$\|\hat{\boldsymbol{y}}_\kappa-\boldsymbol{A}(\Theta)\boldsymbol{s}_\kappa\|_2^2+\frac{h}{\tau}\sum_{i=1}|\boldsymbol{s}_\kappa(i)|I(|\hat{\boldsymbol{s}}_\kappa^{(\bar{m}-1)}|\leqslant\tau_\kappa),\kappa=5,6 \tag{10.33}$$

其中，$\hat{\boldsymbol{s}}_\kappa^{(\bar{m}-1)}$ 为对应于第 $\bar{m}-1$ 次迭代的估计结果。初始估计值 $\hat{\boldsymbol{s}}_\kappa^{(0)}$ 通过 LASSO 提供。令 $\hat{\boldsymbol{s}}_\kappa(\kappa=1,2,5,6)$ 代表最终的重构结果，则信源的极化参数和功率参数可通过如下式(10.34)～(10.36)相继获得：

$$\hat{\gamma}_k=\arctan\left(\sqrt{|\hat{s}_2(kc)|/|\hat{s}_1(kc)|\cos^2(\theta_k)}\right) \tag{10.34}$$

$$\hat{P}_k=\hat{s}_1(kc)/\cos^2(\hat{\gamma}_k) \tag{10.35}$$

$$\hat{\eta}_k=\mathrm{sign}(\hat{s}_6(kc)/\hat{W}_k)\times\arccos(\hat{s}_5(kc)/\hat{W}_k) \tag{10.36}$$

其中，$\hat{W}_k=\hat{P}_k\cos(\hat{\theta}_k)\cos(\hat{\gamma}_k)\sin(\hat{\gamma}_k)$，$k\in[1,K]$，$kc$ 为 $\hat{\boldsymbol{s}}_\kappa$ 中第 k 个非零元素的索引/对应的位置。

定理 10.1　假定入射到阵列的信源信号功率相等，即 $P=P_1=\cdots=P_K$。定义 $\rho_k=(\boldsymbol{s}_1(c)\boldsymbol{s}_2(c)-\boldsymbol{s}_5(c)^2-\boldsymbol{s}_6(c)^2)/P^2$。如果只有一个信源由方向 θ 入射到阵列，则 $\rho_k=0$。当有两个信源由相同方向 $\theta(\neq\pm 90°)$ 入射到阵列，而极化参数 γ_1 和 γ_2 不同时，$0<\rho_k<1$。

证明：如果只有一个信源由方向 θ 入射到阵列，则

$$\begin{aligned}\rho_k&=\cos^2(\gamma_k)\cos^2(\theta_k)\sin^2(\gamma_k)\\&\quad-[\cos(\theta_k)\cos(\gamma_k)\sin(\gamma_k)\cos(\eta_k)]^2\\&\quad-[\cos(\theta_k)\cos(\gamma_k)\sin(\gamma_k)\sin(\eta_k)]^2\\&=0\end{aligned} \tag{10.37}$$

而当两个信源由相同方向 θ 入射到阵列时，有

$$\begin{aligned}\rho_k&=\cos^2(\theta)[\cos^2(\gamma_1)\sin^2(\gamma_2)+\cos^2(\gamma_2)\sin^2(\gamma_1)\\&\quad-2\cos(\gamma_1)\sin(\gamma_2)\cos(\gamma_1)\sin(\gamma_2)\cos(\eta_2-\eta_1)]\\&\geqslant\cos^2(\theta)\sin^2(\gamma_2-\gamma_1)\end{aligned} \tag{10.38}$$

由于 $\gamma_2-\gamma_1\in(-\pi,\pi)$ 且 $\gamma_2\neq\gamma_1$，因此 $0<\rho_k\leqslant 1$。

证明完毕。

定理 10.1 说明，该算法可以成功地区分两个入射角度一样的信源信号，并且区分性能随着 $\theta\to 0$ 以及 $|\gamma_2-\gamma_1|\to\pi/2$ 变好。

3. 正则化参数选择

大量计算机仿真结果显示，在 0 dB 到 20 dB 的 SNR 区间，正则化参数 $h=1$ 是一个很好的选择。而在低信噪比条件下（SNR<0 dB），我们通过 2 折交叉验证来选择合理的正则化参数，即将观测数据模型 $\hat{\boldsymbol{y}}_\kappa(\kappa=1,2)$ 划分为两个近似相等的序列，分别为训练序列和验证序列。对于每个序列 $g=1,2$，用不同的参数 h 去匹配另一个序列。假定 $\hat{\boldsymbol{s}}_{\kappa,g}$ 为基于训练序列获得的估计结果，则交叉验证的误差为

$$e(h)=\frac{1}{2}\sum_{\kappa=1}^{2}\sum_{g=1}^{2}\|\hat{\boldsymbol{y}}_\kappa^g-\boldsymbol{A}^g(\Theta)\hat{\boldsymbol{s}}_{\kappa,g}(h)-\hat{\sigma}^2\boldsymbol{\Pi}^g\|_2^2 \tag{10.39}$$

其中，$\hat{\boldsymbol{y}}_\kappa^g$，$\boldsymbol{A}^g(\Theta)$ 和 $\boldsymbol{\Pi}^g$ 分别为 $\hat{\boldsymbol{y}}_\kappa$，$\boldsymbol{A}(\Theta)$ 和 $\boldsymbol{\Pi}$ 的第 g 个部分。

选择不同的 h 值，重复进行上述交叉验证过程并选择使 $e(h)$ 最小的 h 值作为正则化参数的最优值。

10.2.2 算法实现过程

本节所介绍的基于稀疏重构的 DOA、功率和极化参数估计算法（命名为稀疏极化远场源参数估计算法）步骤如表 10.1 所示。

表 10.1 稀疏极化远场源参数估计算法

初始化
(1) $\hat{\boldsymbol{y}}_1=\mathrm{vec}(\hat{\boldsymbol{R}}^{[xx]})$，$\hat{\boldsymbol{y}}_2=\mathrm{vec}(\hat{\boldsymbol{R}}^{[yy]})$，$\hat{\boldsymbol{y}}_3=\mathrm{vec}(\hat{\boldsymbol{R}}^{[xy]})$，$\hat{\boldsymbol{y}}_4=\mathrm{vec}(\hat{\boldsymbol{R}}^{[yx]})$；
(2) $\hat{\boldsymbol{y}}=[\hat{\boldsymbol{y}}_1\hat{\boldsymbol{y}}_2\hat{\boldsymbol{y}}_3\hat{\boldsymbol{y}}_4]$，$\hat{\boldsymbol{R}}_1=(\hat{\boldsymbol{R}}^{[xx]}+\hat{\boldsymbol{R}}^{[yy]})/2$；
(3) $\hat{\boldsymbol{y}}_5=-(\hat{\boldsymbol{y}}_3+\hat{\boldsymbol{y}}_4)/2$，$\hat{\boldsymbol{y}}_6=-\mathrm{j}(\hat{\boldsymbol{y}}_3-\hat{\boldsymbol{y}}_4)/2$；
(4) $\bar{M}=3$，$\varepsilon_1=\lambda=0.01$，$\bar{m}=1$。
DOA 估计
(5) 构建权值：$\hat{\omega}_i=b(\bar{\theta}_i)^{\mathrm{H}}\hat{U}_{\mathrm{n}}\hat{U}_{\mathrm{n}}^{\mathrm{H}}b(\bar{\theta}_i)$；
(6) 系数估计：$\hat{\boldsymbol{s}}^{(l_2)}=\mathrm{argmin}\{\|\hat{\boldsymbol{y}}-\boldsymbol{A}(\Theta)\boldsymbol{S}-\hat{\mathbf{N}}\|_F^2+h\sum_{i=1}^{N}\hat{\omega}_i\|\tilde{s}_i^{(l_2)}\|\}$。
功率和极化参数估计

续表

(7)初始化系数估计： $\hat{\boldsymbol{s}}_\kappa^{(0)}=\text{argmin}\{\|\hat{\boldsymbol{y}}_\kappa-\boldsymbol{A}(\Theta)\boldsymbol{s}_\kappa-\hat{\sigma}^2\boldsymbol{\Pi}\|_2^2+h\|\boldsymbol{s}_\kappa\|_1\},\kappa=1,2$； $\hat{\boldsymbol{s}}_\kappa^{(0)}=\text{argmin}\{\|\hat{\boldsymbol{y}}_\kappa-\boldsymbol{A}(\Theta)\boldsymbol{s}_\kappa\|_2^2+h\|s_\kappa\|_1\},\kappa=5,6$。 (8)更新系数估计： $\hat{\boldsymbol{s}}_\kappa^{(\bar{m})}=\min\left\{\|\hat{\boldsymbol{y}}_\kappa-\boldsymbol{A}(\Theta)\boldsymbol{s}_\kappa-\hat{\sigma}^2\boldsymbol{\Pi}\|_2^2+\frac{h}{\tau}\sum_{i=1}^{N}\|\boldsymbol{s}_\kappa(i)\|I(\|\hat{\boldsymbol{s}}_\kappa^{(\bar{m}-1)}\|\leqslant\tau_\kappa)\right\},\kappa=1,2$； $\hat{\boldsymbol{s}}_\kappa^{(\bar{m})}=\min\left\{\|\hat{\boldsymbol{y}}_\kappa-\boldsymbol{A}(\Theta)\boldsymbol{s}_\kappa\|_2^2+\frac{h}{\tau}\sum_{i=1}^{N}\|\boldsymbol{s}_\kappa(i)\|I(\|\hat{\boldsymbol{s}}_\kappa^{(\bar{m}-1)}\|\leqslant\tau_\kappa)\right\},\kappa=5,6$。 (9)增加迭代计数：$\bar{m}=\bar{m}+1$。 (10)$\|\hat{\boldsymbol{s}}_\kappa^{(\bar{m})}-\hat{\boldsymbol{s}}_\kappa^{(\bar{m}-1)}\|\leqslant\varepsilon_1$ 或者 $m\geqslant\bar{M}$，终止迭代。否则返回步骤(8)。 (11)功率和极化参数估计： $\hat{\gamma}_k=\arctan\left(\sqrt{\|\hat{\boldsymbol{s}}_2(kc)\|/\|\hat{\boldsymbol{s}}_1(kc)\|\cos^2(\theta_k)}\right)$； $\hat{P}_k=\hat{\boldsymbol{s}}_1(kc)/\cos^2(\hat{\gamma}_k)$； $\hat{\eta}_k=\text{sign}(\hat{\boldsymbol{s}}_6(kc)/\hat{W}_k)\times\arccos(\hat{\boldsymbol{s}}_5(kc)/\hat{W}_k)$。 (12)计算 ρ_k 并判断是否有两个入射角度一样的信源由相同的方向入射。

其中，$\bar{M}$代表设定的最大迭代次数，$\hat{\boldsymbol{y}}_{\bar{\kappa}}$、$\hat{\boldsymbol{R}}_1$ 和 $\hat{\boldsymbol{s}}^{(l_2)}$ 分别为 $\boldsymbol{y}_{\bar{\kappa}}$、$\boldsymbol{R}_1$ 和 $\tilde{\boldsymbol{s}}^{(l_2)}$ 的估计值，$\bar{\kappa}\in[1,6]$，$\hat{\boldsymbol{N}}$ 和 $\hat{\sigma}^2$ 通过对协方差矩阵 $\hat{\boldsymbol{R}}^{[xx]}$ 或 $\hat{\boldsymbol{R}}^{[yy]}$ 的 $L-K$ 个小特征值进行平均运算获得，kc 为 $\hat{\boldsymbol{s}}_\kappa$ 中第 k 个非零元素的索引/对应的位置。

10.3　习题

(1)矢量传感器相比于标量传感器有哪些优势？

(2)稀疏匹配优化问题带来的直接优势是什么？

(3)分析说明本章所介绍的算法是否可以拓展至交叉电偶极子和磁偶极子阵列，若能给出推导过程；若不能请说明理由。

参考文献

[1] WONG K T，ZOLTOWSKI M D. Self-initialing MUSIC-based direction finding and polarization estimation in spatio-polarizational beamspace [J]. IEEE

Transaction on Antennas and Propagation,2000,48(8):1235-1245.

[2] ZOLTOWSKI M D,WONG K T. Closed-form eigenstructure-based direction finding using arbitrary but identical subarray on a sparse uniformCartesian array grid [J]. IEEE Transaction on Signal Processing, 2000,48(8):2205-2210.

[3] 龚晓峰,刘志文,徐友根. 电磁矢量传感器阵列信号波达方法估计:双模MUSIC [J]. 电子学报,2008,36(9):1698-1706.

[4] WONG K T,LI L. Root-MUSIC-based direction-finding and polarization estimation using diversely polarized possibly collocated antennas [J]. IEEE Antennas and Wireless Propagation Letters,2004,3(1):129-132.

[5] JIAN L,COMPTON P T. Angle and polarization estimation using ESPRIT with a polarization sensitive array [J]. IEEE Transaction on Antennas and Propagation,1991,39(9):1376-1386.

[6] JIAN L. On polarization estimation using a polarization sensitive array [C]. Proceedings of the 6th Workshop on Statistical Signal and Array Processing,1992,465-4610.